自动探空系统技术指南(试行)

杨荣康　郭启云　李昌兴　雷勇　蔺汝罡　编著

内容简介

本书由“自动探空系统概述”“自动探空系统建设要求”“自动探空系统业务操作”和“自动探空系统维护维修”四部分组成。书中内容涵盖了自动探空系统的系统组成、功能用途、工作原理、选址要求、建设要求、系统业务操作以及系统维护维修等。

本书是在中国气象局的统一部署下完成的，目的是使高空气象观测人员能够更好地了解和掌握自动探空系统的特点和使用方法，指导高空气象观测人员解决使用中遇到的技术问题，规范和统一操作流程，确保系统稳定可靠运行，充分发挥自动探空系统建设效益。本书可供广大气象观测人员、设备维护人员和有关科研、业务人员参考。

图书在版编目(CIP)数据

自动探空系统技术指南：试行／杨荣康等编著. —北京：气象出版社，2019.5

ISBN 978-7-5029-6965-3

Ⅰ.①自… Ⅱ.①杨… Ⅲ.①气象业务自动化系统-指南 Ⅳ.①P415.1-62

中国版本图书馆 CIP 数据核字(2019)第 083071 号

出版发行：气象出版社
地　　址：北京市海淀区中关村南大街 46 号　**邮政编码：**100081
电　　话：010-68407112(总编室)　010-68408042(发行部)
网　　址：http://www.qxcbs.com　**E-mail：**qxcbs@cma.gov.cn
责任编辑：王萃萃　李太宇　**终　　审：**吴晓鹏
责任校对：王丽梅　**责任技编：**赵相宁
封面设计：博雅思企划
印　　刷：北京中石油彩色印刷有限责任公司
开　　本：889 mm×1194 mm　1/32　**印　　张：**5.375
字　　数：150 千字
版　　次：2019 年 5 月第 1 版　**印　　次：**2019 年 5 月第 1 次印刷
定　　价：30.00 元

序　言

高空气象观测系统是我国综合气象观测系统的重要组成部分，也是我国气象业务现代化建设的主要任务之一。为提升我国高空气象观测业务水平，实现高空气象观测的自动化，同时弥补西部边远艰苦地区高空气象观测的空白，中国气象局瞄准国际先进水平和世界气象组织业务要求，组织完成了自动探空系统的研制工作，填补了我国在该领域的技术空白；目前在我国青藏高原地区、东北地区、上海以及部分关键区域进行了自动探空系统站使用。

自动探空系统主要采用卫星导航探空仪完成高空气象观测任务，通过预置时间或操作员在监控中心发出控制指令，自动运行实现地面至 35 km 高空范围内温压湿风的观测，可以实现特定无人区或艰苦地区的高空气象观测，有效弥补我国边远艰苦地区高空气象观测的空白，提高常规高空气象观测的时空密度，同时可以实现高空气象观测业务的自动化，减轻观测人员的劳动强度。

为使高空气象观测人员更好地了解和掌握自动探空系统的特点和操作方法，指导解决使用过程中遇到的技术问题，统一和规范操作流程，提高自动探空的观测质量，充分发挥自动探空系统的建设效益，中国气象局组织编制了《自动探空系统技术指南（试行）》（简称《指南》），该《指南》是了解自动探空系统的技术性规范，相信本书的出版，对广大气象观测人员、设备维护人员和有关科研、业务人员学习、掌握自动探空系统将大有帮助，对我国高空气象观测业务的发展也将起到积极的推动作用。

李良序

中国气象局气象探测中心主任

2019 年 4 月

前　言

为提升我国边远艰苦地区高空气象资料获取能力，推进高空气象观测的自动化，中国气象局从2007年开始，历时8年实现自动探空系统的研制、试验、改进、使用等环节，目前正在青藏高原、沿海地区以及东北典型区域进行使用，该系统通过预置时间或操作员在监控中心发出控制指令，自动运行实现地面至35 km高空范围内温压湿风观测，具有远程监控和无人值守功能，能够提高常规高空气象观测的时空密度，可以填补我国在边远艰苦地区观测空白。

为指导和规范自动探空系统业务运行，中国气象局气象探测中心联合有关单位完成《自动探空系统技术指南(试行)》(简称《指南》)的编写，该《指南》主要由“自动探空系统概述”“自动探空系统建设要求”“自动探空系统业务操作”和“自动探空系统维护维修”四大部分组成，涵盖了自动探空系统的系统组成、功能用途、工作原理、选址要求、建设要求、业务操作以及维护维修等。在本书的编写过程中，中国气象局气象探测中心曹晓钟正研级高级工程师给予了总体技术把关和指导，多年从事高空气象观测业务工作的刘凤琴高级工程师、徐磊高级工程师从业务运行和软件操作方面给予了指导，中国气象局上海物资管理处的郑钢高级工程师、南京大桥机器有限公司的黄江平正研级高级工程师从硬件方面给予了指导，在此表示感谢。

参加《指南》编写还有：南京大桥机器有限公司的任振华，中国气象局上海物资管理处的孙宜军、隋一勇、赵伦嘉，中国气象局综合观测司的佘万明、张建磊、刘世玺，中国气象局气象探测中心的吴蕾、林雪娇、赵培涛，云南省红河州气象局的钱媛，南京信息工程大学的程凯琪，云南省气象局的杨国彬，西藏自治区气象局的余佥贤，上海市气象局的顾浩，吉林省气象局的许东哲，由衷感谢上述同志的辛勤付出。本《指南》的出版发行得到科技部重大自然灾害监测预警与防范重点专项（2018YFC1506201、2018YFC1506204）的赞助和支持，在此也深表感谢。

本《指南》在编写过程中参考了许多相关的文献，谨向文献作者表示深深的谢意。由于编者水平有限，书中难免存在一些待商榷之处，恳请同行及读者批示指教。

编者

2019 年 4 月

目　录

第一部分　自动探空系统概述

常规高空气象观测系统是我国综合气象观测系统的重要组成部分，其提供的精细化观测资料是目前数值预报和气象服务等工作的基础。经过中国气象局长期建设，目前我国常规高空气象观测站已达到120个，是亚洲高空气象观测站点数量最多的国家，在我国天气预报和气候预测服务中发挥了重要作用。

根据天气尺度预报业务需求，常规高空气象观测站合理间距为200 km左右，而我国的站网间距分布不均，其中在东部地区，站网间距达到了200 km，基本满足中尺度天气系统的需求。但在西部无人和少人区域（尤其是在青藏高原区域），受自然条件、经济能力和技术水平的限制，观测条件和生活条件艰苦，观测业务维持困难，该区域高空气象观测站稀疏，站点间距达到500 km以上，站网空间分布不均匀，出现了大片的观测资料空白区域。这一区域中天气系统对我国天气预报十分重要，西部大片区域观测资料的缺失，严重制约了我国预报业务服务的发展。

从气象观测技术的发展来看，“遥感、遥测、连续、自动化”是主要的发展方向，高空观测自动化这一全新的领域，也越来越受到气象部门的重视。该类系统具有“无人值守，恶劣环境下（特别是大风天气）放球，装备远程监控诊断”等特点，为特定无人区或艰苦地区(如我国的青藏高原地区)的高空气象观测站建设提供了全新的思路。为提高我国气象观测自动化水平，弥补关键区域的高空气象观测资料的缺失，提升高空观测资料的应用水平，中国气象局在公益性行业(气象)科研专项经费项目中对国产全自动探空装备的研制进行了重点扶持，并在我国西北部地区建立了三个无人值守自动探空系统业务试验站。

1 系统组成、功能及特点

1.1 系统组成

自动探空系统由无人值守远端站(简称远端站)、监控中心站(简称中心站)和通信传输系统三大部分组成。其主要组成部分见图 1.1，远端站外景实物见图 1.2。

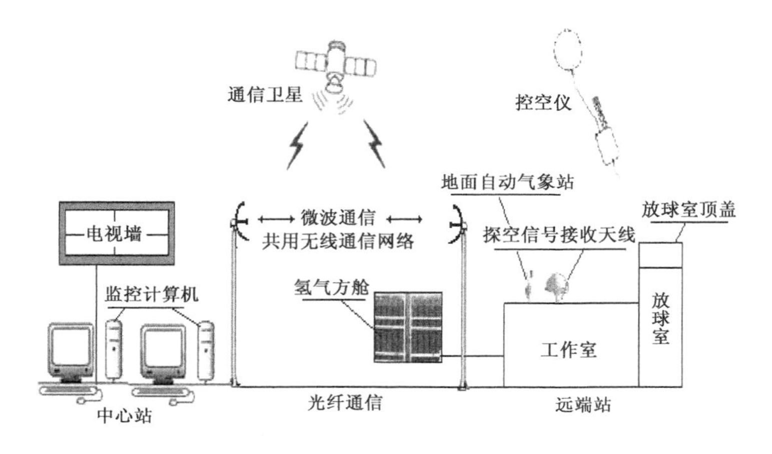

图 1.1 自动探空系统组成示意图

1.1.1　远端站

图1.2　自动探空系统远端站实物图

远端站主要包括工作舱、氢气舱以及两者之间的气体输送管道和电气连接电缆。

工作舱主要包括三个部分。第一部分是工作室，为探空仪的基测、装载和系统维护工作区，主要安装有供配电系统、探空接收系统、监控系统、控制和数据处理计算机等设备；第二部分是控制室，为探空仪贮存和施放准备区，主要安装有包括自动化分度转台在内的自动放球系统设备；第三部分是放球筒（室），为探空气球充气及施放区，主要安装有自动充气和施放装置、氢气泄漏检测仪、顶盖转动和开闭装置等。工作舱内部和外部还安装有监控摄像机。

氢气舱主要包括三个部分。第一部分是空调室，为气源储存与输送的控制区，主要安装气房控制箱、空调（备选）；第二部分是汇流集室，为气源输送分配区，主要安装有汇流集、氢气泄漏检测仪；第三部分是气瓶室，为气源储存区，安装有气瓶集装装置、氢气泄漏检测仪等。

工作舱和氢气舱之间通过气体输送管道和电气连接电缆连通。

1.1.2　中心站

中心站主要由电源配电系统、网路及控制系统、探空接收处理系统、视频监控系统、语音通信系统等组成；此外，中心站主要设备还包括主工作站、副工作站、无线网桥、设备柜和图像显示器、IP 电话机等。

1.1.3　通信传输设备

通信传输系统标准配置为点对点无线网桥。在实际建设过程中,可以根据远端站实际情况,采用有线通信(光纤、网线及双绞线等)或者无线通信方式(无线网桥、3G 网、CDMA、WIFI 及卫星通信等)。

远端站布局建设如图 1.3 所示,中心站布局建设如图 1.4 所示,远端站主要布置如图 1.5 所示。

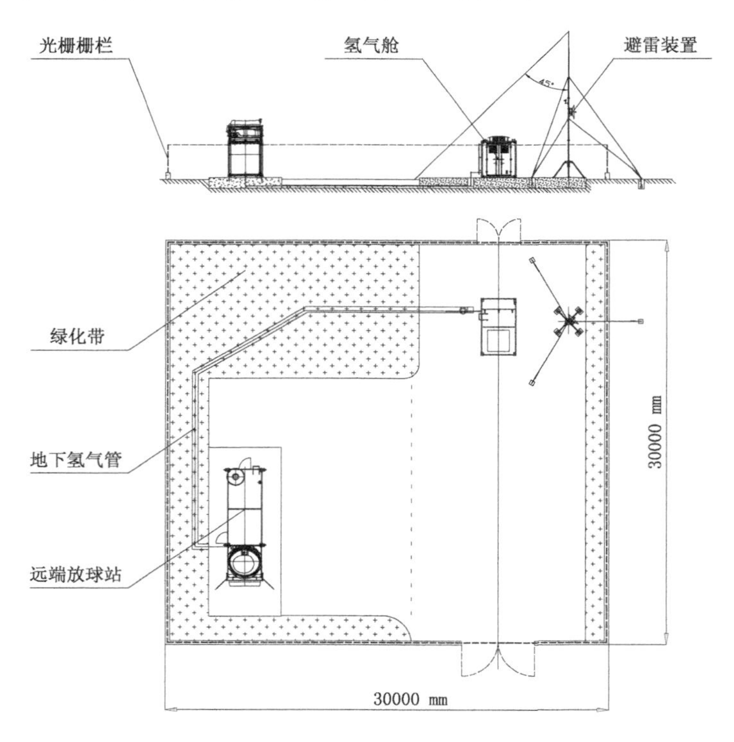

图 1.3　远端站布局建设

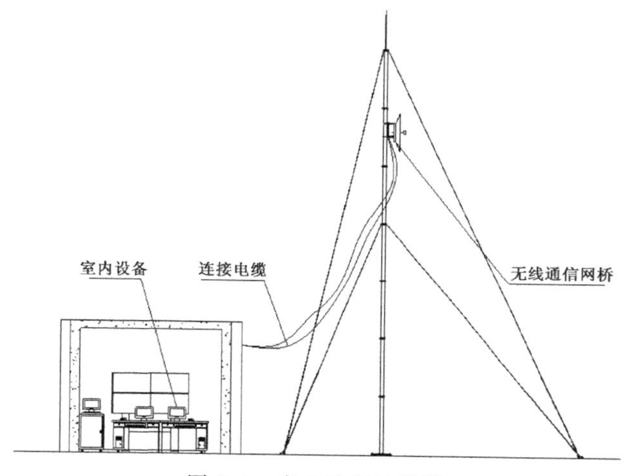

图 1.4　中心站布局建设

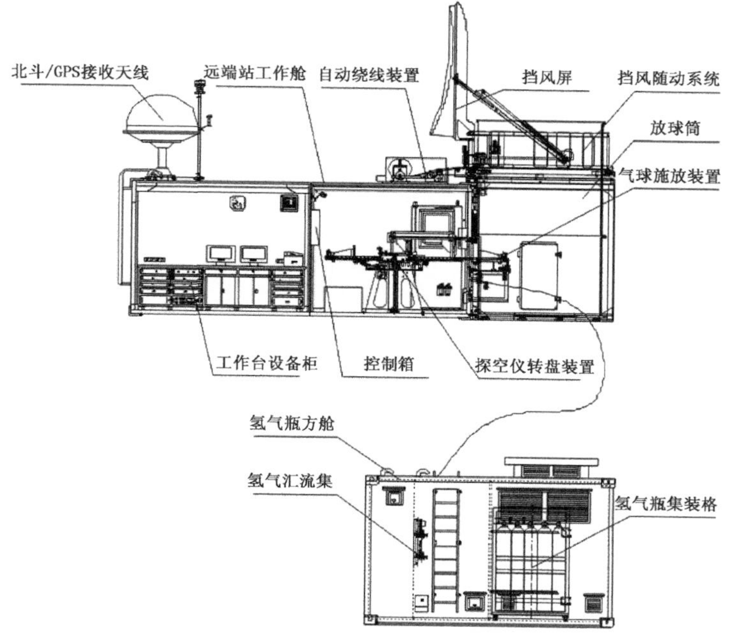

图 1.5　远端站主要布置

1.2　系统功能

自动探空系统在无人操作的情况下，通过预置时间或操作员在监控中心发出控制指令控制远端站自动施放探空仪、自动接收探空仪信号并生成气象产品，实现从地面至35 km高空和20 km距离范围内的大气温度、压力、湿度、风向和风速气象要素的自动观测。该系统可以一次装载24只探空仪，连续自动实施24次高空气象观测。

1.2.1　高空气象观测功能

自动探空系统目前主要采用卫星导航探空仪完成高空气象观测任务。卫星导航探空仪由自由升空的气球携带，进行大气温度、压力、湿度、风速和风向气象要素的观测。探空仪测量信息由地面接收处理设备完成数据接收和处理，并按观测业务规范对数据进行存储、处理，并编制规定的报文(如TTAA，TTBB，TTCC，TTDD，PPAA，PPBB，PPCC，PPDD，CU报等)和数据文件(如状态文件、秒级观测数据等)，为天气预报、气候预测服务以及科研提供资料。

1.2.2　系统管理和远端控制功能

自动探空系统中心站具备系统设置、设备配置、运行管理、运行日志记录和远端控制等功能。当地面风力不超过八级大风时，中心站通过程序控制远端站设备自动运行，逐步完成探空仪电池接通、探空仪检测、探空仪和气球加载、气球充气、顶盖旋转/开闭、探空仪施放、探空数据接收和处理等过程，完成高空气象自动观测任务。

1.2.3　远程监控功能

第一个主要功能是将远端站各监视点的视频信息传输到中心站，管理人员可通过实时视频对设备运行状况进行综合监控；第二个主要功能是安全防范，通过各种安保传感器将远端站的告警信号传给中心站，并可以触发声光报警输出设备或启动录像，达到防火、防盗及事故调查的目的，当氢气泄漏量超过规定值时，自动放球系统电源将自动关闭，实现远端站的无人值守管理。

1.3　系统特点

自动探空系统是在应用卫星导航、机械工程、自动化控制、数字信号处理、网络通信、图像监控等技术基础上，基于物联网设计理念进行新技术融合，利用成熟技术装备和集成设计经验，研制成功的可远程控制的、可视化的、无人值守的自动探空装备，是能够满足特定环境条件的新一代高空气象观测业务运行平台，真正实现了高空气象观测自动化。

1.3.1　观测精度高

自动探空系统采用 GPS/北斗探空系统将卫星定位导航技术应用到高空气象观测系统，是探空体制的革新，是国际上探空系统发展的重要趋势。高精度温、压、湿传感器与卫星导航技术的结合，不但简化了常规高空气象观测业务装备，提升了自动化水平，同时全面提升了探空系统的探测精度。

1.3.2 观测自动化

自动探空系统能够按照计算机控制指令,依次完成转台转动、自动激活探空仪电池、探空仪自动检测、自动加载探空仪和气球、对气球自动充气、气球自动捆扎、探空仪自动施放、自动跟踪与接收探空数据、数据处理、自动将气象信息传输至外部网络,实现无人值守条件下从探空仪检测、气球充气与施放到探空数据获取与存储的自动化作业。

1.3.3 大风放球能力

自动探空系统设计有放球筒及双曲面风向随动挡风顶盖,可对充灌气球及气球施放时起到保护作用,使气球充气和施放时不被损坏,实现风速在 20 m/s(八级风)以下探空气球的自动施放,解决了长期困扰高空气象观测业务的大风放球难的问题。

1.3.4 远程控制与监测

自动探空系统实现了在中心站对远端站的远程控制,探测过程无需人工干预。还可通过安装在远端站的各类传感器,实现对远端站的实时监控,为中心站值班员提供直观的视频监控、设备状况以及相关告警等信息。

1.3.5 故障导向安全机制

自动探空系统基于物联网设计思路,采取冗余容错及遥测、遥信、遥控等技术措施建立“故障导向安全机制”,加强了系统运行的安全性、可靠性,有效避免了因人为因素或设备故障造成的安全事故的发生。

2 系统工作原理

2.1 工作方式

自动探空系统有定时运行、自动运行、手动放球（人工操作）三种工作方式。

定时运行是指预先设置系统运行时间，当设定时刻到来前30分钟，自动探空系统在无人员干预下，自动启动运行，自动完成探空仪施放和数据录取任务。

自动运行是指需要加密观测或有地面大风时，操作员即时启动系统运行，在系统完成探空气球充气后，处于等待放球倒计时状态，再依据规定的施放时刻或等待地面风减弱后，系统打开顶盖完成探空仪施放和数据录取任务。

手动操作是调试工作模式，按照常规放球操作流程，鼠标手动点击相应按键控制系统的运转，逐步完成充球、放球和数据接收、系统复位等过程；人工操作还具有人工复位功能。当系统运行过程中出现故障需复位，在自动复位不能完成时，可通过人工操作完成系统复位。

2.2 工作原理

通过中心站计算机输入自动放球时间和主要测控参数，远端站在无人操作的情况下按照输入的指令，按时自动启动"自动探空系统终端控制软件（简称控制软件）"，使远端站进入自动施放气球操作流程，对远端站运行情况进行监控并将远端站监控图像显示在中心站显示屏上。在中心站的监控下，远端站顺序自动接通探空接收机、监控设备和执行机构的电源，进行探空仪电池接通、检测，自动充灌气球，加载探空仪，打开放球筒上盖并自动放出探空仪，信号由远端站的探空接收设备自动处理，自动判断气球爆炸直至观测结束，观测完成后中心站和远端站设备自动复位，等待下次放球指令。

系统运行遵循“故障导向安全”原则，操作流程还可语音播报。系统业务运行期间，操作员只需要定期给远端站补充探空仪及气球、氢气(或氦气)。

3　系统主要部件

3.1　远端站

3.1.1　供配电系统

通过网络对远端站电源配电分机进行远程/本地控制，实现远端站交流输入电源的分配、设备电源的接通与关闭。

外接电源[①]可以是市电、发电机组或风电、太阳能电站。远端站的最大用电功率为8kW(含空调)。

(1)UPS电源

通过电源配电分机为远端站的其他设备(除空调)提供不间断工作电源。外接电源中断后，UPS电源至少可保证一次自动探空任务的实施。

UPS电源主要由UPS主机(C3KRS)和三组蓄电池(B9081)组成，包括负责工作室设备用电的UPS电源1和负责控制室及气房设备用电的UPS电源2，单个蓄电池组满载后备时间可达38分钟。

UPS主机为在线式架构，正弦波输出，几乎可以完全解决所有的电源问题，如断电、市电高压、市电低压、电压瞬间跌落、减幅振荡、高压脉冲、电压波动、浪涌电压、谐波失真、杂波干扰、频率波动等电源问题。

蓄电池为免维护标准电池模块，每套UPS主机配备3组电池模块。

---

① 外接电源必须为220V/50Hz的单相交流电源。

(2)电源配电分机

电源配电分机主要实现远端站电源分配、用电设备电源的开闭控制等,并对系统外接输入交流电电源参数进行实时监测。

(3)进线盒

进线盒为外接电源、氢气舱电源及监控信号、视频信号、网络信号进出方舱的物理接口,并配有自动探空系统工作舱接地连接端子[①]。

3.1.2 自动放球系统

自动放球系统主要功能是控制远端站按规定的程序完成自动放球任务。自动放球系统首先录取超声测风仪和自动气象站数据,决定是否具备放球条件。具备条件时依次实施的过程是:控制室空调的控制、气源压力的检测及切换、分度转台转动、探空仪电池激活、探空仪检测、电动窗开启/闭合、探空仪加载、探空气球充气、挡风顶盖转动/开启、探空气球及探空仪的施放、顶盖闭合及转盘装置复原、充气施放机构退位、系统恢复到下次放球等待状态。在自动放球系统运行过程中,传感器自动检测各机械位置、氢气泄漏量以及充气量的控制等,当机械位置状态检测值超过允许阈值时,自动放球系统自动停止运行,并显示报警信息、提示操作员处置方法。

自动放球系统主要由自动控制箱、自动化分度转台、气动控制系统、探空仪加载伸缩机构、自动充气装置、自动施放装置、电动窗、放球筒及挡风顶盖、控制室 TU 检测仪、控

① 各连接电缆及接地线按面板文字说明连接。

制计算机及定制软件等组成。

(1)自动控制箱

自动控制箱是设备自动化控制单元,实现分度转台转动、探空仪加电、电动窗开闭、探空仪加载、充气控制、顶盖转动及开闭、探空仪施放、系统复位等功能,同时实时检测顶盖位置、电动窗位置、分度转台及加载伸缩臂位置等信息,保证系统运行安全。

(2)自动化分度转台

自动化分度转台装置上最多可以装放 24 个探空仪组合。探空仪施放前,分度转台按顺序转动到探空仪等待施放位置,完成探空仪电池激活和检测,通过检测的合格探空仪才被允许加载、充气,检测未被通过时,分度转台转动到下一个待放位置,同时关闭不合格探空仪电源,重新进行探空仪检测,合格探空仪通过传送装置送至放球筒,完成探空仪的加载。

自动化分度转台由分度转盘、分度装置、定心支架、转盘基座、探空仪装载盒、探空仪加电装置、转盘位置传感器等组成。探空仪装载盒在转盘上平均分布有 24 个,用于探空仪及组合的安放;探空仪加电装置实现探空仪电池接通;探空仪传送装置完成将探空仪装载盒传送至放球筒或从放球筒缩回至控制室转盘的任务;转盘位置传感器实时监测转盘上剩余探空仪数量、转盘待放位置、气缸位置等;分度转盘由转台气缸驱动实现转盘转动,转盘每步转角为 15°。

(3)气动控制系统

气动控制系统主要由气源装置、气动控制箱及控制相应机构工作的气缸等组成。气动控制系统是控制自动化分度转台、探空仪安装及传送装置(加载伸缩机构)、气球自动充气及施放装置工作的控制机构。气动控制系统由弱电器件构成,以压缩空气作为工作介质来传递动力和实现运动控制,在运转过程中不会产生放电火花、不会产生静电效应、控制电路也简单,有利于防止因氢气泄漏而产生安全事故的发生;另外,气动控制系统自身具有驱动过载保护功能,在气缸运动过程中遇到障碍或阻力时能够及时停止运动,可有效防止机械安全事故的发生,确保系统运行的安全性和可靠性。

(4)探空仪加载伸缩机构

探空仪加载伸缩机构完成将探空仪组合从控制室输送到放球筒的任务,它由探空仪传送气缸推动探空仪装载盒来实现此功能,并保证探空仪装载盒上的充气嘴与放球筒内充气装置可靠对接。探空气球施放后,加载伸缩机构又将探空仪装载盒缩回到控制室。

探空仪加载伸缩机构上还装有位置传感器。在探空仪加载伸缩机构升出到放球筒或未缩回到控制室转盘上时,传感器输出检测信号使得自动化分度转台的转动被禁止,可有效防止安全故障的发生。

(5)自动充气装置

自动充气装置在无人干预的情况下,实现对气球进行自动充气和捆扎,即对气球的充气量和捆扎实现智能化和自动化的控制。该机械装置,通过程序控制来实现气球充气和气球捆扎的自动化,同时根据气球型号通过对充气电磁阀的控制实现充气量的自动控制。

(6)自动施放装置

自动施放装置是通过一套气动联合装置的作用,在计算机系统控制下实现气球的自动施放。气球充气完成后，施放指令控制施放装置打开固定充气组合装置的卡钩，使探空仪组合失去约束，同时因气球浮力作用而使探空仪组合上升，完成探空仪的自动施放。

(7)电动窗

电动窗分前电动窗和后电动窗。前电动窗方便人工装载探空仪，采取手动控制方式。后电动窗用于控制室与放球筒的封闭，采取自动控制方式。前电动窗和后电动窗在探空仪待放时，处于关闭状态，可以至放球前确保装载于转盘上的探空仪一直都处于相对密封环境里，使得探空仪传感器的测量值不受外界环境的影响。

探空仪加载伸缩机构将探空仪传送到放球筒后，必须关闭控制室与放球筒间的后电动窗，使控制室的环境参数不发生明显变化，确保处于控制室的其余探空仪的测量值在待放储存期不被损坏。

(8)放球筒及挡风顶盖

放球筒及挡风顶盖采用玻璃钢(透波材料)制成，对无线电波的衰减小，有利于卫星导航探空仪信号的发射及探空接收机信号的接收。

根据气球施放前 1 分钟平均风获取仪器(包括超声测风仪、地面气象仪)所测风向，挡风顶盖能旋转到迎风位置开启打开，可以保证在大风情况下气球和探空仪不受损伤地飞离放球筒，以顺利完成一次气象观测任务[①]。

---

① 探空仪在开始上升 100 m 高度期间收集的数据特别重要，探空仪必须在正确的地面大气环境条件下施放。因此，还在放球筒底部采取了部分相应的措施，尽可能使放球筒内外环境参数基本一致。

1)伺服驱动控制箱

伺服驱动控制箱用于伺服电动机的控制,根据地面风向仪所测风向,驱动回转支承带动挡风顶盖精确旋转到迎风面。

2)顶盖回转支承

顶盖回转支承是承载挡风顶盖的一种大型轴承,传动精确平稳、旋转灵活、使用寿命长,它带动挡风顶盖进行平稳旋转、精确定位。

3)自动绕线装置

自动绕线装置用于挡风顶盖旋转控制的电源电缆和信号电缆在挡风顶盖旋转过程中的同步伸缩,以使电源和控制信号能输送到旋转运动体上。

4)顶盖开闭装置

顶盖开闭装置采用液压控制的方式。液压系统由液压泵站、油缸、滤油器和管路组成。

5)放球筒

放球筒是探空气球充气时和施放前的保护容器,在充灌气球时,保护气球避免受风的影响,确保气球施放前不被损坏。放球筒直径 2.3 m、高度 3.9 m,适应 300～750 g 规格气球的充气和施放。

(9)控制室 TU 检测仪(探空仪检测温湿度传感器)

控制室 TU 检测仪用于放球前再次对探空仪的测量性能进行比对检测,检测合格的探空仪才能被施放,确保业务运行成功。

(10)控制计算机及定制软件

控制计算机及定制软件用于自动放球系统的管理与控

制，完成远端站设备诸如自动化转盘、顶盖旋转及开闭装置、电动窗、探空仪加载伸缩机构、充气装置及施放装置等的操作程序控制。

3.1.3　自动探空子系统

采用卫星导航探空仪实现高空气象观测。远端站地面探空接收系统自动跟踪、接收卫星导航探空仪观测数据、自动录取地面气象仪数据，并进行数据综合处理，观测结束后按需求生成气象产品。

（1）探空接收机

探空接收机主要完成对探空信号进行接收、解调；对系统工作频率进行初始化；对接收天线波束进行控制；实现与数据处理计算机通信等功能，完成探空数据的接收与处理。

（2）接收天线装置

接收天线装置由六根八木阵子天线和一个微波天线以及控制板、天线球罩等组成，系统根据探空仪方位自动选择最佳接收波束，以获取最强接收信号。

（3）地面气象仪（自动站）

地面气象仪监测远端站当地风速、风向和温度、湿度、气压等参数。风速、风向决定施放的条件，风速超过提前设定的阈值时将暂停探空仪的施放，风向作为顶盖开启时转动位置的控制依据。同时，地面气象参数还可作为探空仪地面检测的参考①。

（4）超声测风仪

超声测风仪风速、风向决定施放的条件，风速超过提前

① 按地面气象仪说明书要求，对气象传感器进行定期标校。

设定的阈值时将暂停探空仪的施放,风向作为顶盖开启时转动位置的控制依据。

(5)检测箱

检测箱具有独立温湿度和气压测量功能,可对施放前的探空仪进行地面基测,基测值还可以用于探空仪传感器测量误差的修正,其温湿度探头以及气压测量需要定期校准,以保证测量精度。基测合格的探空仪才能装载上架。

(6)卫星导航信号转发器(GPS 转发器)

卫星导航信号转发器(GPS 转发器)主要功能是将卫星信号从室外引到室内,保证室内信号覆盖和信号强度,确保探空仪激活后能接收到卫星信号。

(7)数据处理计算机及定制软件

数据处理计算机及定制软件主要用于实时录取探空仪飞行过程探空接收机输出的探空数据的录取和处理、实现探空仪装载前的基测检查等。同时,还通过网络和控制计算机或其他设备进行数据交换。

3.1.4 监控与通信系统

系统运行过程中,通过网络对远端站的运行状态进行实时的视频监视,显示图像清晰、稳定,图像延迟时间应不超过 500 ms;还完成远端站安全信息的采集、处理及远程传输。

(1)无线网桥(天线)

自动探空系统通信系统一般采用无线网桥,是一种高容量、基于面向 IP 数据业务的宽带无线接入系统,它在远端站和中心站网络之间搭起通信的桥梁。系统采用无线数据交换技术支持高速 IP 接入业务,包括高速互联网和虚拟专网接入等。

无线网桥用户可享用永远在线的网络连接，随时以高数据速率接入互联网和其他 IP 业务。一个中心站可以管理若干远端站，构建一点对多点的运行管理模式。

无线网桥系统工作在 5.725～5.850 GHz 频段。系统工作频率依照可适用射频规则和特定环境条件进行配置。无线网桥也可以配置为 1＋1 主、备用工作模式，以提高通信传输链路的可靠性。

产品随系统配置，常规仅提供网络通信用网络接口，根据用户需求或使用环境，可以分别采用无线网桥、光纤设备、3G/4G 网络、VPN 技术等构建中心站与远端站间的网络连接。

(2)硬盘录像机及监控摄像机

硬盘录像机主要用于摄像机视频信号的采集、处理、存储、显示以及云台的控制。自动探空系统采用新一代混合型网络硬盘录像机实现远端站视频监控。

远端站常规设有 8 只摄像机，分别安装在工作室(2 只)、控制室(2 只)、放球筒(3 只)、氢气舱及室外全景(1 只)。其中，室外全景摄像机采用一体化大云台监控摄像机。一体化云台主要包括高速解码器、云台、带一体化光学组件(IOP)的防护罩、内置加热器、窗口除霜器/除雾器、遮阳罩及隔热材料，具备高可靠性、稳定性，密封、防水、防酸雨、耐高温、耐老化、抗腐蚀性、抗风性能。一体化光学组件配置了一个自带变焦镜头的高性能数字信号处理摄像机，适于昼夜和四季温差大、受电磁干扰和雷电干扰概率高、产品固定安装后难维护而且需全天候工作的场所，可以保证产品安装后长期稳定工作、无需维护。

其余室内监控摄像机均采用具有防爆功能的日夜型半球摄像机。

(3)监控分机

监控分机主要实现工作舱监控设备(串口设备联网服务器、温湿度传感器、室内摄像机、超声测风仪等)的电源控制,并对工作舱浸水告警、烟雾告警、对射光栅告警信息进行检测。

工作舱监控设备包括室外摄像机、对射光栅传感器,工作室及控制室摄像机、烟雾传感器、环境温湿度传感器,放球筒摄像机、氢气泄漏检测传感器、环境温湿度传感器、放球筒浸水传感器等。

(4)安全防范装置

观测非法人员入侵远端站,对远端站运行安全(气体泄漏、探空仪缺失、气源短缺)、环境状况(水浸、烟雾等)等进行检测,并附加相关的声光报警;根据需求远端站周围可安装电子脉冲围栏。

3.1.5　气体储存与输送系统

气体储存与输送系统由两组钢瓶集装格及气源输送控制机构组成,每组钢瓶集装格由 15 只气瓶组成,每组充灌气体的钢瓶集装格,在一般情况下可以充灌 90 只 300 g 气球(或 23 只 750 g 气球)。气体储存室(氢气舱)距离远端站工作方舱不得小于 25 m,气体通过管道给放球筒内的气球充气。在一组钢瓶集装格气源压力降至 0.15 MPa 时,能自动切换至另一组钢瓶集装格。气体储存室、汇流集室、放球筒内还设有氢气泄漏检测仪,实时监测室内氢气泄漏情况。

气体输送由连接氢气舱的汇流集气源输出口与放球筒气体输入口的不锈钢管道构成。气体输送管道按建设指南要求预埋在地下。

(1)钢瓶集装格

由专用框架固定,采用集气管将15只气体钢瓶接口并联组合的气体钢瓶组合单元,钢瓶集装格设有充气入口和充气出口及压力监测表。本系统设有两组钢瓶集装格,充气时,依据瓶内压力(低于0.15 MPa)进行两组装置间的切换。每组集装格均可以单独进行置换①。

(2)汇流集

汇流集由连接管道、电磁控制阀、气体压力传感器、减压阀及截止阀、回火防止器等组成,主要实现气体的输送控制、钢瓶集装格的压力检测、充气压力调节等功能。对两组气瓶集装装置的气体容量及气体剩余量进行检测,当一组气瓶集装装置瓶内压力降至0.15 MPa时,控制电磁阀开关切换至另一组气瓶集装装置。

(3)气体输送管道

气体传输管道连接气源与充气装置,为探空气球提供充气气体。管道包括室内和室外两部分,室内管道采用不锈钢软管,室外管道采用不锈钢硬管。在台站建设时已完成管道布放,系统工作时不再进行操作,但需定期对管道泄漏进行检测。

(4)氢气泄漏检测仪

---

① 钢瓶集装格为爆炸危险装置,运输、使用时必须确保安全。

氢气漏泄检测仪[①]可对浓度范围 0～10000 ppm[②] 的氢气泄漏进行检测和测量。氢气检测仪安装在室内天花板或墙壁上,通过它的 RS485 接口,可远距离进行操控。氢气检测仪的氢气专一性传感技术对其他可燃气体无交叉敏感性,因此可消除误报警并保证安全系统的可靠性。本系统氢气泄漏量安全阈值设置为 4000 ppm,当室内氢气泄漏量超过 4000 ppm 时,远端站能自动切断自动探空系统电源,停止系统工作,待氢气泄漏量低于 2000 ppm 时方能继续加电工作。

3.1.6 配套设备

(1)除湿器

除湿器为控制室装载的处于待施放状态的探空仪提供适宜的环境条件,保障探空仪传感器测量性能的稳定性。

当控制室相对湿度高于 80%RH 时,除湿器自动启动抽湿工作;当控制室相对湿度低于 60%RH 时,除湿器自动关闭。

(2)空气压缩机

空气压缩机为气动控制装置中的运动控制部件(气缸)提供压缩空气。空气压缩机出口还串接有过滤减压阀组合,进一步干燥、净化压缩空气。

当空气压缩机[③]储气罐排气压力达到额定压力(0.8 MPa)时,由压力开关控制而自动停机;当空气压缩储气罐

---

① 氢气检测仪的使用寿命为 2 年,到期必须更换或重新标定。

② 1 ppm$=10^{-6}$。

③ 按空压机使用说明书要求,需定期对空压机进行排水操作。

压力降至0.6 MPa时，由压力开关自动连接启动。

(3)工作台及备件柜

工作台为工作室设备提供安装机柜，并为操作员提供操作平台；备件柜装放消耗器材、维修备件及维修工具。工作台及备件柜均安放在工作舱工作室内。

(4)空调设备

空调设备作用是为远端站设备提供一个较为稳定的工作环境。

(5)网络时间服务器

网络时间服务器主要实现自动探空系统内网络设备时钟同步，并提供远端站站址地理信息。

(6)无线网桥设备

无线网桥设备(通信传输系统)与自动探空系统建设安装同步进行，通信方案依据中心站与远端站的路由而定。

3.2 中心站

中心站通过网络与远端站构成完整的自动探空系统，起着对整个系统的管理和服务作用，是系统的操作监控、维护和管理中心，主要设备包括：主工作站、副工作站、设备柜和图像显示器。

3.2.1 主工作站

主工作站由工作站及远程控制软件组成，用于与远端站控制计算机的连接、管理，同时还起着对整个系统网络的管理和服务作用。

3.2.2 副工作站

副工作站由工作站及远程控制软件组成，主要用于与远端站数据处理计算机的连接、管理,存储、备份探空数据。

3.2.3 设备柜

(1)UPS 电源

UPS 电源由 UPS 主机和蓄电池组组成,为中心站提供稳定的工作电源。

(2)网络音视频解码器

网络音视频解码器用于图像信息解码,通过解码后显示在显示器或电视墙上。

(3)IP 电话交换机

通过 IP 电话交换机网络,实现中心站与远端站双向语音通信。

(4)网络交换机

网络交换机连接多个网络设备,构建内部局域网,实现网络内数据的交换。

3.2.4 图像显示器

(1)图像显示器

常规配置为 23 in[①]LED 显示器,连接至设备柜的网络音视频解码器 VIDEO 视频输出端口,用于远端站视频图像的监视。

(2)电视拼接墙(大屏幕)

电视拼接墙(大屏幕)为用户选配设备。由 4 台 46 in DID 显示屏和安装架组成,实时提供远端站视频图像信息。

---

① 1 in=2.54 cm。

4　主要性能

4.1　主要性能要求

4.1.1　工作条件

◇环境温度：室外－40～＋60 ℃；室内 0～＋40 ℃；

◇相对湿度：室外 0%～90%；室内 30%～80%；

◇地面风速：≤20 m/s（瞬时风速 60 m/s）；

◇供电电源：单相 220 V/50 Hz 交流电；

◇最大功耗：8 kW（远端站）、3 kW（中心站）；

◇充气气体：氢气（氦气）；

◇电磁兼容性：系统应能在气象台站的电磁环境条件下正常工作，且不应对气象台站的电子设备造成影响正常工作的干扰。

4.1.2　业务运行指标

◇适用探空气球：300～750 g；

◇装载探空仪数：24 个；

◇连续工作时间：≥24 小时；

◇业务成功[①]率：≥95%；

◇可靠性和维修性：平均故障间隔次数（MTBF）的下限≥20 次；

平均故障维修时间（MTTR）：≤30 分钟；

---

① 业务成功是指系统按照《常规高空气象观测业务规范》（中国气象局 2010）要求，完成探空仪施放、数据接收处理和报表上传。

◇安全性:系统运行事故为零,并符合“故障导向安全”原则。

4.2 主要技术指标

4.2.1 自动探空

◇工作频率:400～406 MHz;

◇观测范围:最大观测高度≥35 km;最大观测斜距≥200 km。

◇观测要素和允许误差(标准偏差):

①温度量程:－90～＋50 ℃;误差:±0.2 ℃。

②气压量程:5～1060 hPa;误差:±0.5 hPa。

③相对湿度量程:0%～100%;误差:±3%。

④风速测量范围:0～100 m/s;误差:±0.3 m/s。

⑤风向测量范围:0°～360°;误差:±5°。

4.2.2 自动放球

◇探空仪及气球储存环境温度要求:－10～＋35 ℃,且没有剧烈变化;

◇探空仪及气球储存环境相对湿度:≤80%;

◇探空仪检测区域温度稳定度:5分钟内变化在±0.2℃;

◇探空仪检测区域相对湿度稳定度:5分钟内变化在±2%;

◇探空仪基测合格率:≥95%;

◇探空仪状态识别[①]率:100%;

◇探空仪施放检测合格率:≥95%;

◇自动放球成功[②]率:≥85%;

◇系统复位成功[③]率:100%。

4.3　物理性能

4.3.1　外形尺寸

(1)远端站

◇工作方舱:5500 mm×2440 mm×2400 mm(长×宽×高);

◇放球筒(含顶盖):2300 mm×2400 mm×3940 mm(长×宽×高);

◇氢气方舱:4020 mm×2440 mm×2980 mm(长×宽×高);

◇气瓶集装装置:1250 mm×800 mm×2000 mm(长×宽×高)。

(2)中心站

◇设备柜:600 mm×800 mm×1200 mm(宽×深×高);

---

①　探空仪状态识别是指自动探空系统在进行探空仪施放过程中,能够成功识别状态异常的探空仪并进行报警;系统能够自动转入下一个待放位置,继续进行施放其他探空仪。

②　自动放球成功是指自动放球系统能正常运行成功自动施放探空仪;或系统运行过程中出现异常状态,紧急停止后自动放球系统能自动复位,能再次成功自动施放探空仪。

③　系统复位成功是指自动探空系统完成探空业务或紧急停止后,自动放球系统自动或手动回复到原始放球等待状态,能顺利开展下一次自动探空业务。

◇工作台:按需(用户自备);

◇电视墙:按需(备选)。

4.3.2 质量

(1)远端站

◇工作方舱:4000 kg;

◇放球筒(含顶盖):1000 kg;

◇氢气舱(含汇流集):2000 kg;

◇气瓶集装装置:1100 kg(单套)。

(2)中心站

◇设备柜:300 kg;

◇工作台:按需(应包含主副工作站);

◇电视墙:按需(应包含安装支架)。

第二部分　自动探空系统建设要求

5　建设内容

5.1　中心站

5.1.1　工作室

工作室由基础建设以及防雷建设等组成。工作室基础建设参照《新一代高空气象探测系统建设指南场室建设要求》(气测函〔2004〕68 号)执行,工作室防雷建设参照《新一代高空气象探测系统建设指南防雷工程设计要求》(气测函〔2004〕68 号)执行。

5.1.2　工作台

工作台由工作主计算机、工作副计算机、设备柜及视频监控显示屏(或大屏幕拼接屏)的安装建设以及电源配电等组成,具体布局见图 5.1 和图 5.2。

5.1.3　供配电设备

供配电设备建设参照《新一代高空气象探测系统建设指南供电设计要求》(气测函〔2004〕68 号)执行。

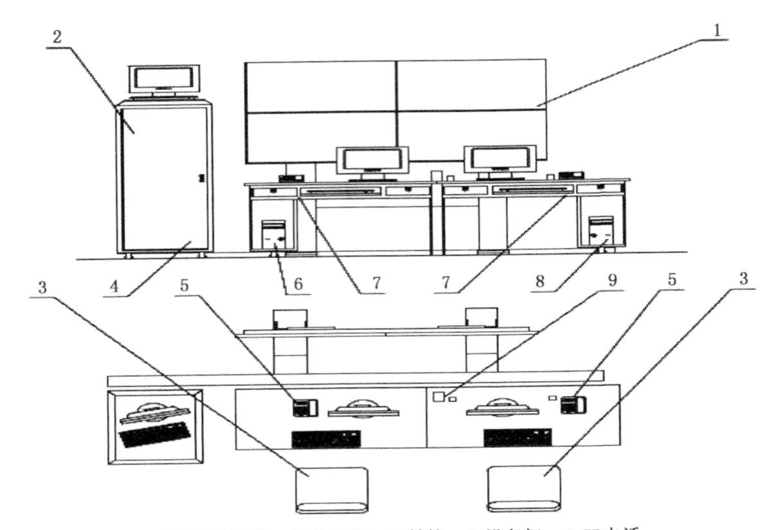

1. 大屏幕显示器 2. 监视器 3. 转椅 4. 设备柜 5. IP电话
6. 副工作站 7. 电脑台 8. 主工作站 9. 有源音箱

图 5.1 中心站室内设备布局图

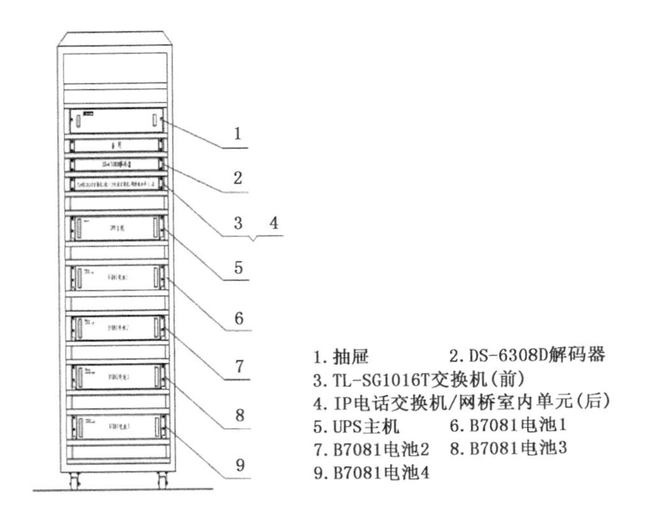

图 5.2 中心站设备柜布局图

5.2　远端站

5.2.1　基础平台

基础平台由远端站(工作舱和氢气舱)的基础平台以及与室外摄像机共用的无线网桥天线架设安装杆或铁塔基础平台等建设组成。

5.2.2　防雷建设

防雷建设参照《新一代高空气象探测系统建设指南防雷工程设计要求》(气测函〔2004〕68 号)执行。

5.2.3　安防与监控设备

安防与监控设备由工作舱和放球筒内摄像机、室外摄像机、室外对射光栅(或电子脉冲围栏)、氢气舱和放球筒内氢气泄漏检测仪等建设组成。此外,远端站周围需设置禁火标志和防护栏。

5.2.4　供配电设备

供配电设备由市电电缆的接入、UPS 不间断电源设备、工作舱和氢气舱电源连接电缆及接地装置的架设等建设组成。

5.3　通信传输设备

通信传输设备标准配置为点对点的无线网桥(视距不小于 30 km、网络速率 54 Mbps),一般采用 5.8 GHz 频段无线网桥传输设备实现。

该建设由专业通信公司或通信设备厂家完成,包括远端站和中心站的无线网桥天线和室外单元的安装、室内单元的安装,室内单元和室外单元连接网络电缆的敷设,中继站(需要时)的安装架设等。

5.4 氢气来源

自动探空系统的充灌施放所需氢气可采用氢气购置或者水电解制氢的方式。

当采用购氢方式时,氢气储放和使用按照《气瓶安全技术监察规程》(TSGR0006—2014)执行。

当采用制氢方式时,自动探空系统配套的水电解制氢设备需单独建设。

水电解制氢设备的配套基础建设按照《高空气象观测站制氢用氢设施建设要求》(气测函〔2016〕152 号)执行,生产按照《气象业务氢气作业安全技术规范》(QXT 357—2016)执行。

6　选址要求

6.1　中心站选址

6.1.1　工作室要求

中心站工作室参照《新一代高空气象探测系统建设指南场室建设要求》(气测函〔2004〕68 号)执行。

当采用无线网桥通信时，工作室用房应选择在高层建筑内，并配套建设基础平台，便于无线网桥天线安装架设。无线网桥天线与室内连接网络电缆不应超过 90 m。中心站应配有网络数据接口(2 M 以上)，便于数据上传气象主干网以及远程技术服务。

6.1.2　供配电设备要求

中心站采用单相交流电压 220 V±10%，频率 50 Hz±5%的电源供电，中心站设备所需的用电功率不大于 3 kW(不含照明和空调)。中心站内配有 UPS 电源，当市电中断时，可保证中心站持续工作时间不小于 150 分钟。

中心站配电要按照业务用电与其他用电分开的原则进行改造，其功率负荷应满足工作需要，且留有余量。

6.2　远端站选址

6.2.1　探测环境要求

远端站探测环境除满足《常规高空气象观测业务规范》(气测函〔2010〕127 号)要求外，还应具备如下条件：地面应平坦坚实,远离排水不畅的低洼地;四周开阔,半径 50 m 范围内无架空电线、建筑、林木等障碍物;周边障碍物对探空系统接收天线形成的遮挡仰角不得超过 5°。

6.2.2 电磁环境要求

远端站与无线电发射塔或其他微波发射源的距离应在 1 km 以上。

远端站探空系统(工作频率:400～406 MHz)应能正常工作,且受无线电频率管理部门的保护。

当通信系统采用无线网桥(工作频率:5.725～5.850 GHz)时,应能正常工作。

6.2.3 氢气安全要求

远端站氢气舱与工作舱、其他建筑物之间距离在 25 m 以上,与重要建筑物之间在 50 m 以上。

6.2.4 净空环境要求

远端站应远离空中航线及机场,避免正常施放受到空域限制的影响。

7　基础设施建设

以远端站基础建设内容为主，中心站基础建设按照本书 4.1 节执行。

7.1　基础平台

远端站架设安装前，根据土建施工图及当地气象条件提前修建好到远端站施工场地的道路，建好远端站安装基础平台。

远端站（工作舱、氢气舱、无线网桥天线）安装架设地面须做混凝土基础平台，平台的平面度应按照建筑物平面度标准执行，平台高出地面 150 mm，埋深不小于 750 mm。

工作舱的基础建设见图 7.1，氢气舱的基础建设见图 7.2，无线网桥天线的基础建设见图 7.3。

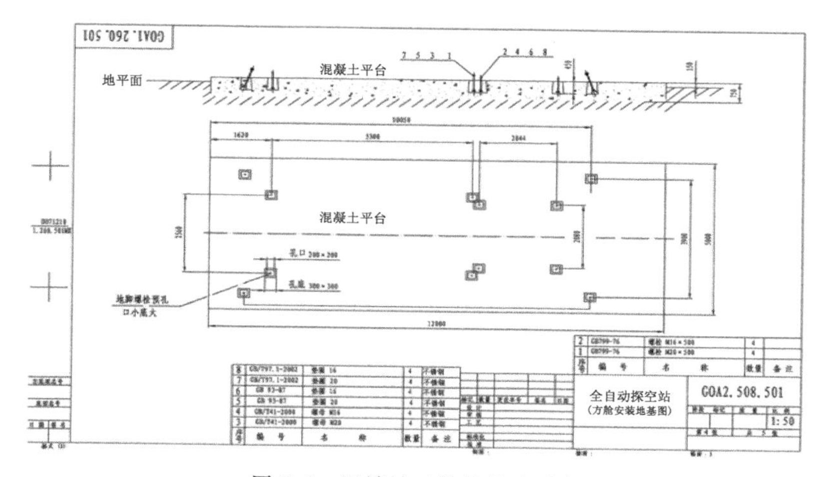

图 7.1　远端站工作舱基础平台

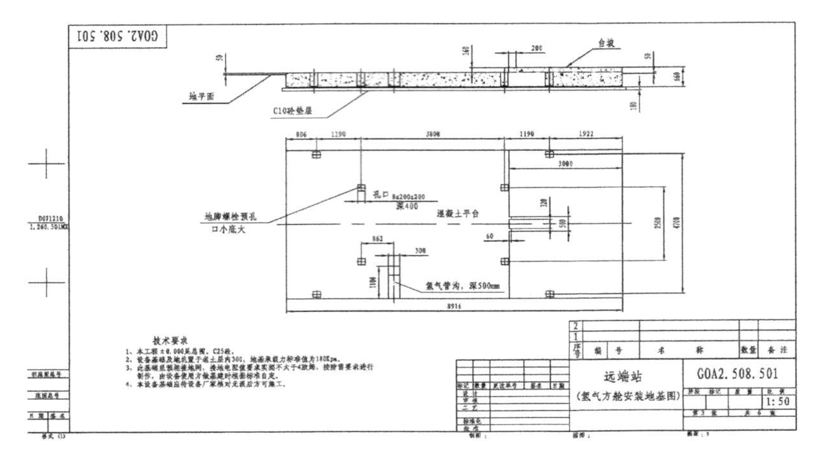

图 7.2　远端站氢气舱基础平台

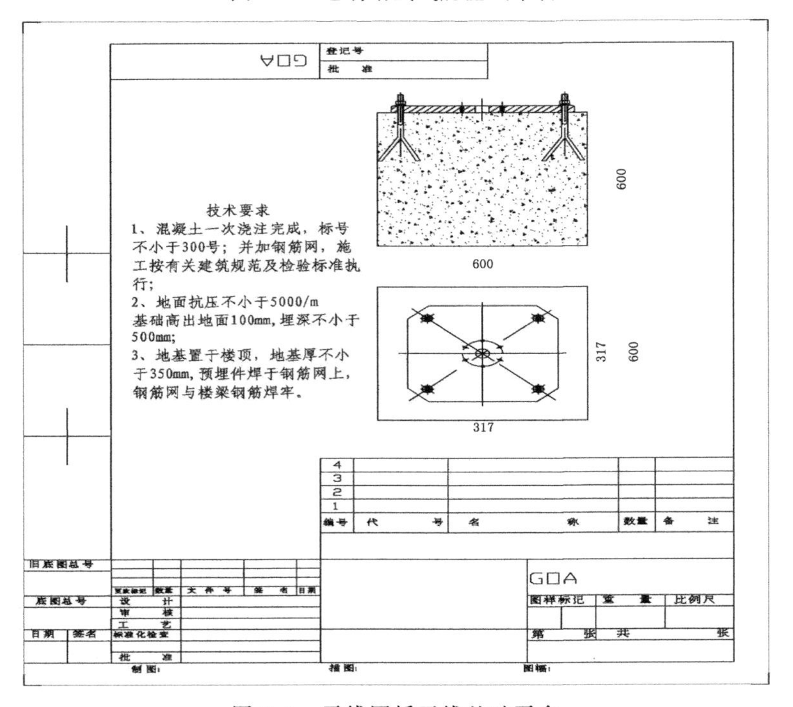

图 7.3　无线网桥天线基础平台

进行第一次混凝土浇注时，按图尺寸要求预留地脚螺栓浇注孔，上口小下口大。设备安装完成后放置地脚螺栓，进行第二次混凝土浇注。

7.2　防雷设计

防雷设计参照《新一代高空气象探测系统建设指南防雷工程设计要求》(气测函〔2004〕68号)执行。

此外，远端站应敷设有防雷接地网，远端站接地电阻应小于4 Ω，工作地网与防雷地网必须分开。

7.3　安防与监控设备

远端站四周建有28 m×28 m隔离栅栏(如对射光栅或电子脉冲围栏)。

远端站工作舱和氢气舱周围1 m以外四周建设防护栏，并在显著位置处安装“严禁烟火”的警示标志，配备消防器材并定期更换。

远端站视频监控设备随远端站设备的安装进行。远端站设备安装完成后，需要对摄像机视野和清晰度进行调整，使视频图像清晰。

7.4　供配电设备

为确保远端站供电正常，可根据实际情况选配太阳能发电、风力发电或油机发电等供电方式。除市电以外，其他均需单独建设。

远端站配电电源为单相交流电，远端站用电总量为8 kW(包括空调设备)，电源稳定度要求为电压220 V±

10%,频率 50 Hz±5%。

远端站配置 UPS 电源,UPS 电源工作时间不得小于 150 分钟,以确保能够完成一次高空气象观测任务。

7.5　氢气管道

远端站工作舱与氢气舱距离应在 25 m 以上,两者之间相连的氢气管敷设在深 750 mm 的混凝土地沟内,地沟内有排水窨井以防积水。地沟上盖有 100 mm 厚的钢筋水泥板。远端站总体布局见图 7.4。

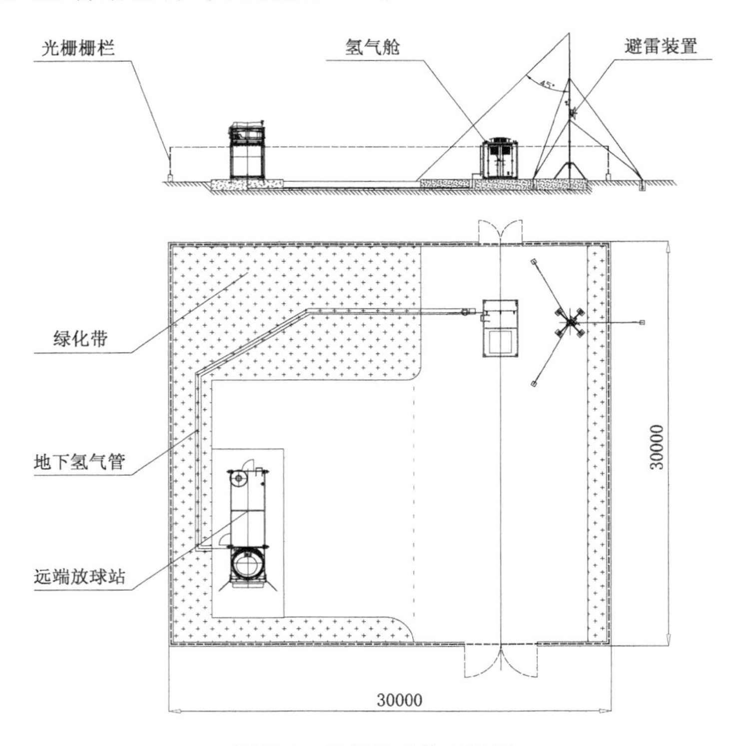

图 7.4　远端站总体布局图

室外温度在0℃以下时，必须为制氢设备到氢气舱的氢气管道配设水汽分离器及干燥器（单独配套），避免低温水汽冻结造成管道堵塞，影响系统正常工作。

氢气管道避免穿过地沟、下水道、铁路或者汽车道路等。如必须穿过，应配套建设套管。氢气管道不得穿过生活间、办公室、配电室、仪表室、楼梯间和其他不使用氢气的房间。

第三部分 自动探空系统业务操作

8 供配电系统操作

中心站与远端站均配置有不间断电源系统(UPS),其作用首先是净化外接电源,保障系统正常工作;其次是在外接电源中断的情况下,UPS 电源也能提供足以保证完成一次自动探空业务运行所需的电力。

8.1 UPS 电源的操作方法

UPS 电源的运行模式主要分为市电模式(外接电源)、电池模式和旁路模式。旁路模式一般情况下禁止使用。UPS 电源开关机及面板灯的显示如图 8.1 所示。

(1)市电模式开关机

◇持续按开机键 1 秒以上,听到“哔”一声后松开手,UPS 开机;

◇UPS 首先进入自检状态,“自检”完成后,UPS 进入逆变输出状态,此时市电指示灯、逆变指示灯、负载/电池容量指示灯亮;

◇持续按关机键 1 秒以上,听到“哔”一声后松开手,UPS 关机。

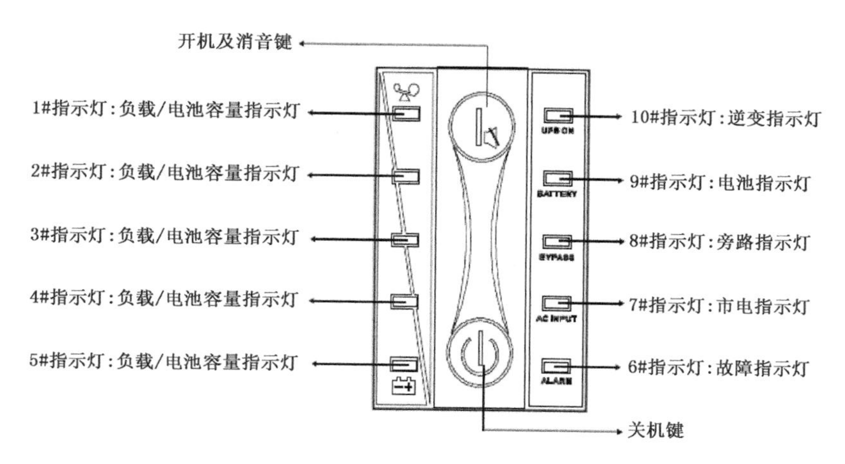

图 8.1　UPS 的开关机面板

(2)电池模式开关机

◇持续按开机键 1 秒以上,听到“哔”一声后松开手,UPS 开机;

◇UPS 首先进入自检状态,“自检”完成后,UPS 进入电池逆变输出状态,此时电池指示灯、逆变指示灯、负载/电池容量指示灯亮;

◇若对电池逆变输出状态下 UPS 发出的每隔 4 秒一次告警声不适,可持续按开机键 1 秒以上,告警声消除;

◇持续按关机键 1 秒以上,听到“哔”一声后松开手,UPS 关机。

8.2　远端站电源操作

远端站电源操作开启顺序为:UPS 电源 1 开机→UPS 电源 2 开机→配电分机的操作→监控电源的开启→计算机系统开机→氢气舱电源的开启。

远端站电源操作的关闭顺序为上述操作的逆过程。

(1)电源配电分机的操作

电源配电分机有“本地”“远程”控制两种操作模式。系统业务运行时,采用远程控制模式;系统维修时,采用本地控制模式。电源配电分机面板如图 8.2 所示。

操作电源配电分机前,应确保 UPS 电源 1 能在“电池模式”下开机启动。

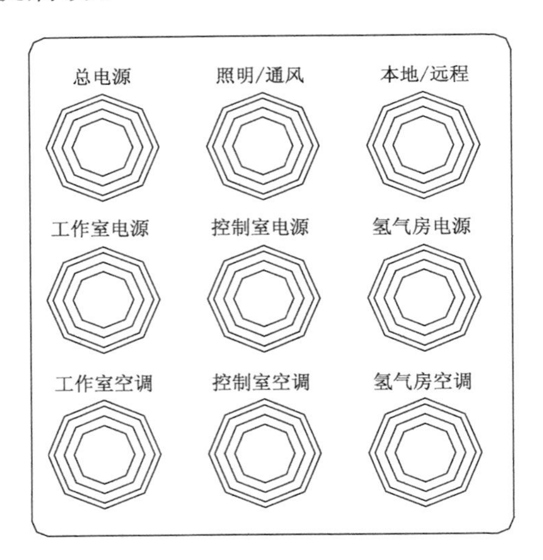

图 8.2　电源配电分机操控面板图

1)“本地”控制操作

①接通外接电源,待电压指示正常后,开启 UPS 电源 1;然后将“本地/远程”开关置于“本地”位置(按钮按入时为“本地”);

②接着按入“总电源”开关,待面板“控制模块”转换至“ON”位置后,开启 UPS 电源 2,待 UPS 电源启动正常

工作；

③再依次按入(按出)“通风/照明”“工作室电源”“控制室电源”“氢气舱电源”“工作室空调”“控制室空调”“氢气舱空调”开关，便可分别接通(关断)通风/照明、工作室、控制室、氢气舱的电源及工作室空调、控制室空调、氢气舱空调电源；

④若UPS电源1在“电池模式”下不能开机时，则需先手动操作将“控制模块”开关置于“ON”位置，再按上述步骤操作。

2)“远程”控制操作

①接通外接电源，待电压指示正常后，开启UPS电源1；然后将“本地/远程”开关置于“本地”位置(按钮按入时为“本地”)；

②接着按入“总电源”开关，待面板“控制模块”转换至“ON”位置后，开启UPS电源2，待UPS电源启动工作；

③依次按下“通风/照明”“工作室电源”开关，便可分别接通工作舱通风/照明、工作室电源；

④然后分别开启控制计算机和数据处理计算机，并将“本地/远程”开关置于“远程”位置(按钮按出时为“远程”)，此时电源配电分机转入“远程控制模式”，其面板控制按钮失去手动操作功能。

(2)其他用电设备配电操作

上述电源配电分机操作完成后，远端站电源操作也就基本完成，其他用电设备电源的开闭则受控制计算机“自动探空系统终端控制软件(简称控制软件)”的控制与管理，操作方法如下：

①启动控制计算机“自动探空系统终端控制软件”,点击“自动探空系统终端控制软件”界面“电源控制”按钮,便进入电源监控界面;

②在“电源控制”界面点击相应的控制按钮,便可接通(关闭)相关用电设备(探空接收机、通风照明、除湿器、监控摄像机、温湿度传感器、氢气泄漏检测仪、浸水传感器、烟雾传感器、超声测风仪等)的电源;同时,软件界面还可显示外接电源参数(电压、电流、当前功耗、总用电量);详见本书第15章“终端控制软件操作使用”。

③至此所有设备均处于等待放球状态,完成远端站电源的操作。

8.3 中心站电源操作

中心站电源操作的开启顺序为:UPS电源开机→PDU模块接通→主副工作站开机→监控电源的开启。关闭顺序为上述操作的逆过程。

(1)中心站用电设备电源的操作

1)接通中心站外接电源,待电压指示正常后,依次开启UPS电源、接通PDU模块、启动主副工作站、接通监控电源(视频解码器、图像显示器、大屏幕、IP交换机及电话机、网络交换机等);

2)在主工作站上,启动“自动探空系统中心控制软件”(也称远程控制软件),连接到远端站控制计算机,同时接通连接到主工作站上音响设备的电源。详见本书第16章“中心控制软件业务操作使用”;

3)如果中心站与远端站间的网络畅通,则可在中心站图像显示器(或大屏幕)上,实时显示远端站的监控画面。

(2)在中心站对远端站进行电源控制的操作

1)通过主工作站的远程桌面,远程启动远端站控制计算机“自动探空系统终端控制软件”,点击“自动探空系统终端控制软件”界面“电源控制”按钮,便进入电源监控界面;

2)在“电源控制”界面点击相应的控制按钮,便可接通(关闭)相关用电设备(探空接收机、通风照明、除湿器、监控摄像机、温湿度传感器、氢气泄漏检测仪、浸水传感器、烟雾传感器、超声测风仪等)的电源;同时,软件界面还可显示外接电源参数(电压、电流、当前功耗、总用电量);详见本书第15章“终端控制软件操作使用”。

3)完成自动探空系统电源的操作,自动探空系统所有设备均处于等待运行状态。

9 系统初始化操作[①]

9.1 系统局域网络设置

(1)系统局域网络的建立

通过无线网桥(或其他通信系统)实现中心站与远端站局域网的互联互通、对系统进行管理和控制,完成自动探空业务的运行。

(2)网络设备 IP 地址分配

网络设备 IP 地址的分配见表 9.1,系统初始化时按此进行设置。

表 9.1 网络设备 IP 地址分配表

序号	设备名称	IP 地址	描述	备注
1	网关	172.18.15.1	连接外部网络	中心站
2	中心站主工作站	172.18.15.2	中心站控制计算机网络	
3	中心站副工作站	172.18.15.3	中心站数据计算机网络	
4	中心站 UPS 电源	172.18.15.4	中心站 UPS 电源网络	
5	中心站网络视频解码器 1	172.18.15.5	网络视频解码器 1 网络 VGA 输出	

① 系统建设安装完成后,不需要再进行初始化操作;当更换相关硬件设备后,按下述方法进行相关的设置操作。

续表

序号	设备名称	IP 地址	描述	备注
6	中心站网络视频解码器 2	172.18.15.6	网络视频解码器 2 网络　4CH 输出至大屏幕(备用)	中心站
7	中心站无线网桥设备	172.18.15.7	中继通信时 IP:172.18.15.71—172.18.15.79	
8	远端站无线网桥设备	172.18.15.8	中继通信时 IP:172.18.15.81—172.18.15.89	
9	中心站 IP 电话交换机	172.18.15.9	中心站 IP 电话交换机网络	
10	硬盘录像机	172.18.15.10	远端站硬盘录像机网络	远端站
11	自动控制计算机	172.18.15.20	远端站控制计算机网络	
12	数据处理计算机	172.18.15.30	远端站数据计算机网络	
13	电源配电箱(XS15)	172.18.15.40	远端站电源配电箱的网络	
14	监控分机(AD-AM6066)	172.18.15.50	监控分机网络(摄像机、传感器电源控制等)	
15	串口服务器 1/Nport5450I	172.18.15.60	探空接收机、探空仪检测箱、本地 GPS/ RS232、电能表/RS485	
16	串口服务器 2/Nport5450I	172.18.15.70	超声测风仪、环境温湿度、氢气检测、空调 1/RS485	
17	气动控制箱 3/Nport5450I	172.18.15.80	转盘控制、顶盖控制、标准 TU/RS232、空调 2 /RS485	
18	网络时间服务器	172.18.15.90	网络时间服务器的网络(同时提供本地 GPS 数据/RS232)	
19	UPS 电源 1(用于工作室)	172.18.15.100	远端站 UPS 电源 1 网络(计算机、视频、通信网络)	

续表

序号	设备名称	IP 地址	描述	备注
20	UPS 电源 2(用于控制室)	172.18.15.110	远端站 UPS 电源 2 网络(转盘、顶盖控制、空压机)	远端站
21	工作舱 IP 电话机网络	172.18.15.120	工作舱 IP 电话机 1 网络	
22	工作舱室外备用网络	172.18.15.130	工作舱进线盒 XS7(外部设备监控)	
23	桌面调试 LAN	172.18.15.140	工作舱调试用网络	
24	工作舱室内备用网络	172.18.15.150	工作舱室内备用设备网络	
25	串口服务器 4/Nport5450I	172.18.15.160	氢气舱 Nport5450I 网络接口	
26	串口服务器 5/Nport5450I	172.18.15.170	氢气舱 Nport5450I 网络接口	
27	氢气舱 IP 电话机	172.18.15.180	氢气舱 IP 电话机 2 网络	
28	氢气舱 IP 摄像机	172.18.15.190	空调室 190、气控室 191、气瓶室 192、室外 193 等	
29	氢气舱室外备用网络	172.18.15.200	气房进线盒 XS4(外部设备监控)	

9.2 系统通信串口设置

(1)系统通信串口分配

系统通信串口的分配见表 9.2,系统初始化时按此进行设置。

表 9.2　通信串口设置对应表①

序号	串口编号	连接设备/模块	串口参数	对应串口服务器		备注
				端口	IP 地址/代码	
1	COM1	探空接收机	RS232/9600 (8/1/None)	Port1	172.18.15.60	监控分机
2	COM2	探空仪检测箱	RS232/9600 (8/1/None)	Port2	(Nport5450I)	
3	COM3	本地 GPS(时间服务器)	RS232/9600 (8/1/None)	Port3	串口服务器 A1	
4	COM4	配电分机电能表	RS485/9600 (8/1/None)	Port4		
6	COM6	放球筒 H2 检测仪(01/02)	RS485/9600 (8/1/None)	Port2	(Nport5450I)	
7	COM7	工作舱 TU 变送器	RS485/9600 (8/1/None)	Port3	串口服务器 A2	
8	COM8	工作室空调控制接口	RS485/9600 (8/1/None)	Port4		
9	COM9	自动控制箱(Adam5000E)	RS232/9600 (8/1/None)	Port1	172.18.15.80	气动箱
10	COM10	顶盖转动控制接口	RS232/9600 (8/1/None)	Port2	(Nport5450I)	
11	COM11	控制室标准 TU 检测仪	RS232/9600 (8/1/None)	Port3	串口服务器 A3	
12	COM12	控制室空调控制接口	RS485/9600 (8/1/None)	Port4		

① ★表中(01) ADAM4069 为设备控制模块,分别控制(CH0)门禁系统(备用)、(CH1)备用电源、(CH2)维修电源、(CH3)气房照明、(CH4)气房室外摄像机、(CH5)气房室内摄像机、(CH6)地面气象仪、(CH7)北斗通信系统的电源。

★表中(02) ADAM4069 为传感器控制模块,分别控制氢气舱(CH0)左电磁阀、(CH1)右电磁阀、(CH2)总电磁阀(备用)、(CH3)流量计(备用)、(CH4)气瓶压力传感器、(CH5)H2 检测仪、(CH6)TU 传感器、(CH7)烟感传感的电源。

★表中(03) ADAM4017+为压力检测模块,分别检测汇流集(CH0)左进口、(CH1)左出口、(CH2)右进口、(CH3)右出口、(CH4)总出口 IN(备用)、(CH5)总出口 OUT、的管道内氢气压力,(CH6)、(CH7) 通道为备用。

★表中(04) ADAM4051 为告警检测模块,检测气房烟雾传感器等的告警信息。

续表

序号	串口编号	连接设备/模块	串口参数	对应串口服务器		备注
				端口	IP 地址/代码	
13	COM13	(01) ADAM4069 设备控制	RS485/9600 (8/1/None)	Port1	172.18.15.160	氢气舱控制箱
14	COM14	(02) ADAM4069 传感器控制	RS485/9600 (8/1/None)	Port2	(Nport5450I)	
15	COM15	(03) ADAM4017 +压力检测	RS485/9600 (8/1/None)	Port3	串口服务器 A4	
16	COM16	(04) ADAM4051 告警检测	RS485/9600 (8/1/None)	Port4		
17	COM17	地面气象仪	RS232/2400 (8/1/Even)	Port1	172.18.15.170	
18	COM18	H2 检测仪(01/02/03/04)	RS485/9600 (8/1/None)	Port2	(Nport5450I)	
19	COM19	气房 TU 变送器备用)	RS485/9600 (8/1/None)	Port3	串口服务器 A5	
20	COM20	气房空调控制接口(备用)	RS485/9600 (8/1/None)	Port4		

(2)系统通信串口的设置

系统建设安装完成后,系统通信串口已配置成功,系统运行过程中不需用户再进行更改操作。当更换相关串口设备后,必须按表 9.2 的规定进行设置操作。

1)串口服务器的设置方法

自动探空系统中共设置有 5 只串口设备联网服务器,其中串口服务器 A1 与串口服务器 A2 安装在串口分机内、串口服务器 A3 安装在气控箱内、串口服务器 A4 与串口服务器 A5 安装在气房控制箱内,它们连接的设备或模块见表 9.2。自动探空系统建设时,串口服务器已设置妥当,不需再进行操作。在更换硬件模块或有操作需求时,可按此进行设置:

①安装 NPORT administration 软件，打开软件，如图 9.1。

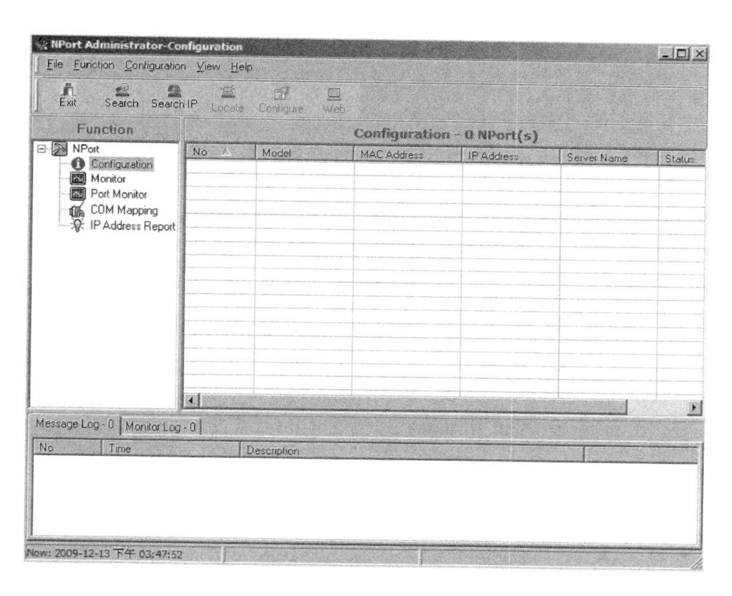

图 9.1　串口服务器配置软件

②点击 Search，可以搜索到局域网中所有的 NPORT 设备，包括和主机 IP 不同网段的 NPORT 设备。

③点击你所需要设置的串口服务器，在“Network”界面配置 IP 地址等相关信息，按表 9.1 的规定设置各串口服务器的 IP 地址。

④点击你所需要设置的串口服务器，在“Serial”界面选中需要配置的串口，点击 setting 进入串口配置页面。按表 9.2 的规定对串口参数进行设置，设置成功后退出软件。完成串口服务器的配置。

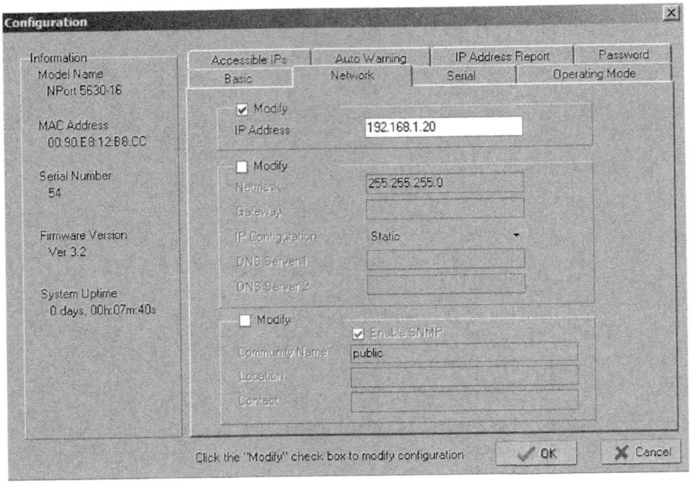

Configuration

Information
Model Name
NPort 5630-16
MAC Address
00:90:E8:12:88:CC
Serial Number
54
Firmware Version
Ver 3.2
System Uptime
0 days, 00h:07m:40s

Accessible IPs | Auto Warning | IP Address Report | Password
Basic | Network | Serial | Operating Mode

☑ Modify
IP Address　192.168.1.20

☐ Modify
Netmask　255.255.255.0
Gateway
IP Configuration　Static
DNS Server 1
DNS Server 2

☐ Modify
☑ Enable SNMP
Community Name　public
Location
Contact

Click the "Modify" check box to modify configuration　OK　Cancel

图 9.2　串口服务器网络配置界面

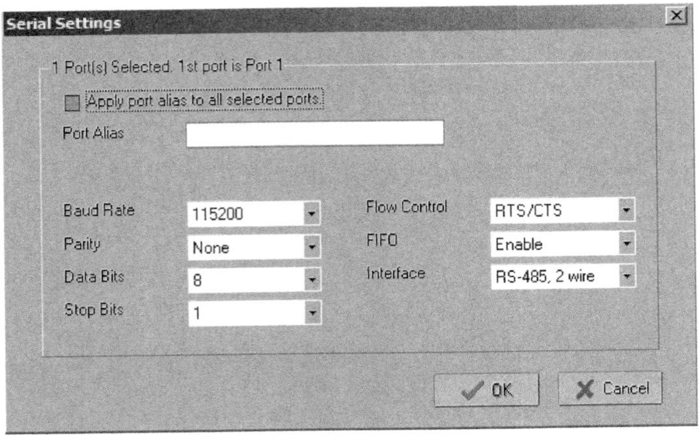

Serial Settings

1 Port(s) Selected. 1st port is Port 1
☐ Apply port alias to all selected ports
Port Alias

Baud Rate　115200　　Flow Control　RTS/CTS
Parity　None　　FIFO　Enable
Data Bits　8　　Interface　RS-485, 2 wire
Stop Bits　1

OK　Cancel

图 9.3　串口服务器串口配置界面

2)采集模块设置方法

自动探空系统建设时,采集模块已设置妥当,不需再进行操作。在更换硬件模块或有需求时,可参照配套光盘中的“Drivers&Manuals ADAM Series”说明书进行操作或设置。

9.3 系统标定

(1)地面气象仪

北向标定:地面气象仪风速风向传感器安装座上的凸出的N字为风向的定位标志,在安装时应使其对准正北。安装时,用风速风向传感器底座上的不锈钢喉箍紧固住,定向环用于维修和重新安装时作为正北方向标志。

传感器标定:按地面气象仪的使用说明书要求,定期对温湿度传感器、大气压力传感器及风速风向传感器进行标定检查。

(2)超声测风仪

安装时,确保安装的超声测风仪与测量平面水平,并将仪器顶端的三角形(▲N)对准正北方向。

(3)探空接收天线

探空接收天线采用独创的多波束设计,可根据目标位置自动选择或手动控制,以获取最强接收信号。系统建设安装时必须将天线底座上的N标记指向正北。

(4)工作舱

用指北针测量从方舱指向放球筒的轴线夹角,记录在“自动探空系统终端控制软件”中“系统设置”即可。

(5)远端站本地站址

自动探空系统建设安装后首次使用时,应先开启"自动探空系统终端数据接收软件",并在其"地面参数"菜单中输入或自动录取本地站址的坐标(经纬度、海拔高度)。

(6)系统时钟同步

自动探空系统建设安装后首次使用时,必须对系统内设备进行时间同步设置,保证系统时间与系统的网络时间服务器要保持同步。

9.4 系统软件安装与卸载

系统建设时,软件已安装配置成功,仅当更换计算机系统后,需要用户重新进行软件安装、设置操作。

(1)自动探空系统终端控制软件(简称控制软件)

1)自动探空系统终端控制软件安装在远端站控制计算机,详见本书第 15 章"终端控制软件业务操作使用";

2)自动探空系统终端控制软件运行主界面如图 9.4 所示。

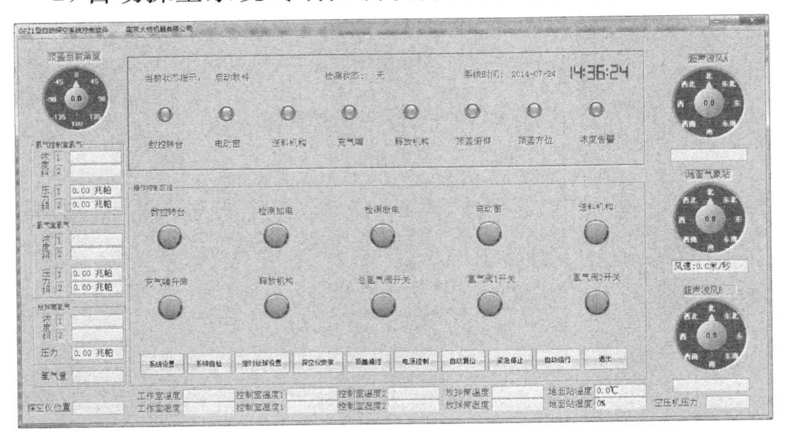

图 9.4 自动探空系统终端控制软件主界面

(2)自动探空系统中心控制软件(也称远程控制软件)

1)自动探空系统中心控制软件安装在中心站主工作站和副工作站,详见本书第16章“中心控制软件业务操作使用”;

2)自动探空系统中心控制软件运行主界面如图9.5所示。

图9.5 自动探空系统中心控制软件主界面

(3)自动探空系统数据软件

自动探空系统数据软件包括终端数据接收软件和终端数据处理软件两部分。

1)终端数据接收软件安装在远端站计算机,目前为“GRS01型高空气象探测系统软件”,详见本书第17章“终端数据接收软件业务操作使用”。

2)终端数据处理软件安装在远端站计算机,按《常规高空气象业务观测手册》(李伟等,2012)的内容执行,目前需要单独打开执行数据处理,完成高空观测最终产品生成。

10　监控与通信系统操作

10.1　远端站视频监控操作

视频监控系统随自动探空系统建设后，一般不再需要对其进行操作。但在第一次安装使用或维修更换后，须按下述步骤对硬盘录像机进行操作(详见随机使用说明书)。

(1)开机操作

在开机前，确保监视器与设备的 VIDEO/VGA OUT 相连接。

设置：若前面板电源[开关键]指示灯呈红色，请轻按前面板电源[开关键]，设备开始启动。硬盘录像机启动后，可通过开机向导进行简单配置，使设备正常工作。

网络：进入硬盘录像机系统设置菜单，进行 IP 地址、时间同步服务器、录像方式等参数的设置。

预览：硬盘录像机配置完成后便可进入预览画面。

(2)关机操作

方法 1：进入硬盘录像机关机界面(主菜单→设备关机)，选择[关机]。在提示窗口选择[是]即可完成关机操作。

方法 2：连续按住硬盘录像机前面板上的电源[开关键]3 秒以上将弹出登录框，请输入用户名及密码，身份验证通过后弹出“确定要关闭系统吗?”的提示，选择[是]将关闭设备。

10.2 中心站视频监控操作

视频监控系统随自动探空系统建设后,一般不再需要对其进行操作。但在第一次安装使用或维修更换后,须按下述步骤对视频解码器进行操作(详见随系统配置的视频解码器使用说明书):

在操作前请首先根据“网络参数配置”方法,设置视频解码器的IP地址等网络参数,并在主工作站上完成“网络视频监控软件4000 V2.0”的安装;

通过该客户端软件,依次完成“解码器的添加”“解码器的配置”“电视墙的管理”“解码器的解码控制”等配置任务;

完成配置后,在视频显示器或电视墙上即有实时图像显示。关机后再次进行视频监控时,运行“网络视频监控软件”即可。

10.3 IP电话通信操作

IP电话通信随自动探空系统建设后,一般不再需要对其进行操作。但在第一次安装使用或维修更换相关硬件后,须按下述步骤对IP电话交换机(IPX/O)和IP电话机进行设置:

(1)IP电话系统设置

◇在第1次配置IPX/O时,需要根据配置PC机和IPX/O的连接关系来设置PC机网络参数。如果PC机的网络是和IPX/O的LAN口连接在同一网络上,则PC的网络配置的地址应和IPX/O的LAN口地址在同一个IP子网中(IPX/O默认LAN口IP地址:192.168.6.1);

◇启动浏览器,在地址栏中输入 http://192.168.6.1:8080/,将在浏览器中看到如图 10.1 所示的登录页面。点击右下角的篆体中文图片可以将界面语言切换至中文。输入用户名和密码,就可以进入如图 10.2 所示的 IPX/O 配置界面,开始配置 IPX/O(IPX/O 管理员用户名为 admin,缺省的密码为 admin);

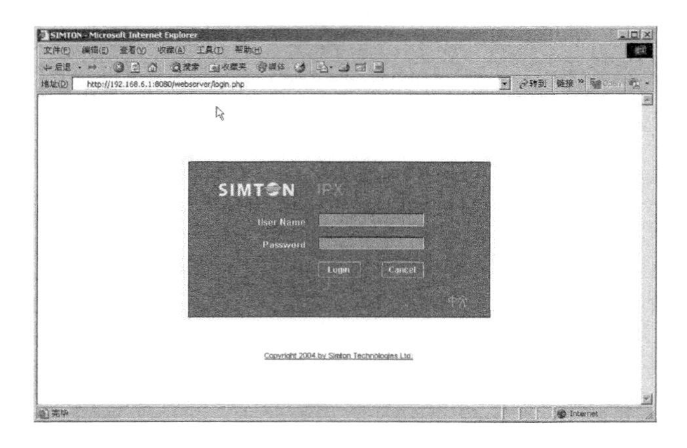

图 10.1　IPX/O 登录页面

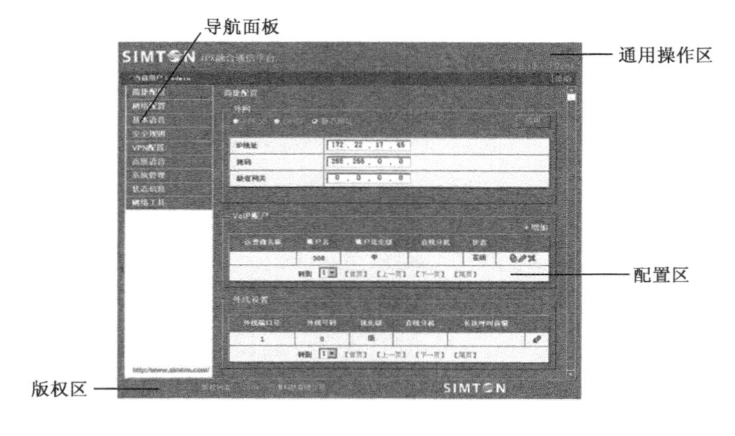

图 10.2　IPX/O 配置界面

◇点击“网络配置”，进入 IPX/O 配置网络配置菜单项，将 IPX/O 的 LAN 网络 IP 地址修改为“172. 18. 15. 9”，保存后重新开机；

◇再配置 PC 机 IP 地址为“172. 18. 15. X”，并启动浏览器，在地址栏中输入 http://172. 18. 15. 9:8080/，重新进入 IPX/O 配置界面；

◇点击“基本语音”→“分机设置”→“IP 分机”，在“IP 分机列表”点击“增加”，如图 10. 3 所示；

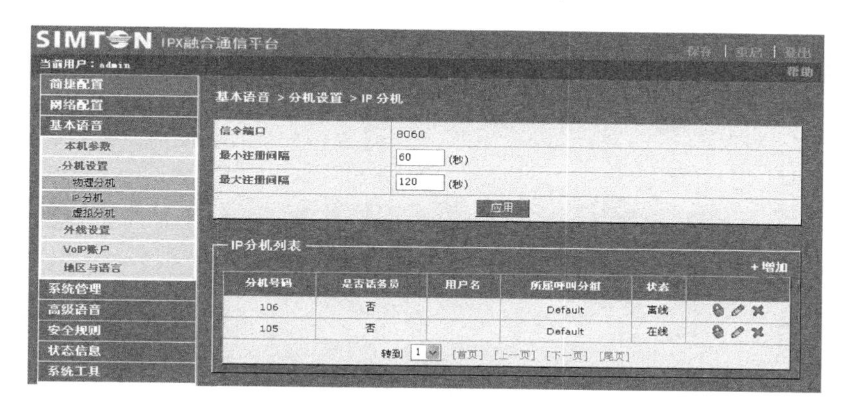

图 10. 3　IP 电话分机添加

◇进入如图 10. 4 所示界面，输入“分机号码”“分机密码”“IP 地址”“端口号”。例如：当前 IP 电话分机号码和分机密码都为 107，IP 电话机 IP 地址为 172. 18. 15. 93，端口为 8080，如图 10. 4 所示；

◇点击“确定”（图 10. 5 下方），保存 IP 分机的设置参数。需增加另外的 IP 分机时，重新进行上述操作。增加完成后，退出软件；

◇再次启动浏览器，在地址栏中输入 http://

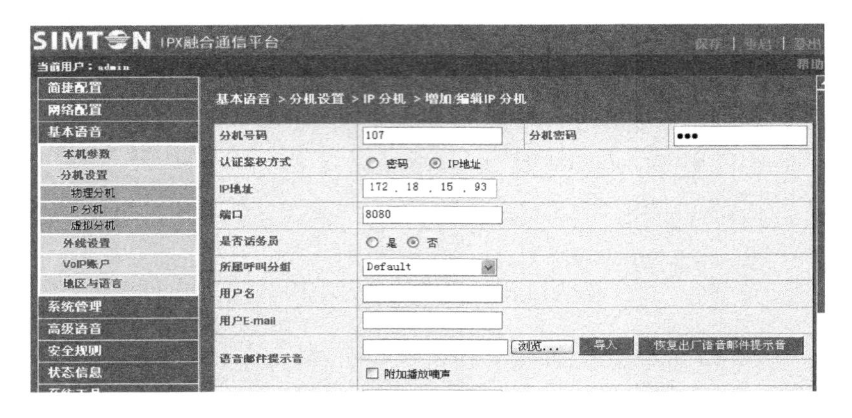

图 10.4 “增加”/“编辑”IP 分机设置

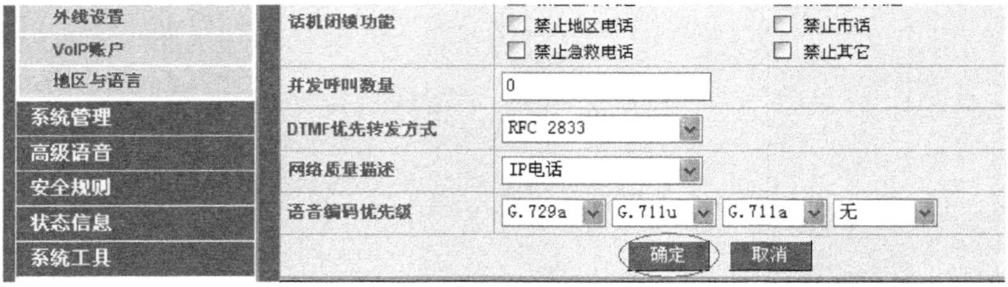

图 10.5 IP 分机设置参数的确定

172.18.15.93/(已增加的 IP 电话机 IP 地址，当前为 172.18.15.93)，启动 IP 电话机设置软件，输入用户名和密码(都为 admin)，点击确定进入 IP 电话机设置界面(如图 10.6 所示)，点击“账户”菜单；

◇按图 10.7“账户”菜单界面，填写添加的 IP 分机的注册信息。完成信息填写后，点击“账户”下方的“提交”，等待注册；

◇点击“话机配置”菜单(图 10.8 界面)，分别对“基本设置”“铃声”“信号音”“拨号规则”等进行设置。完成设置

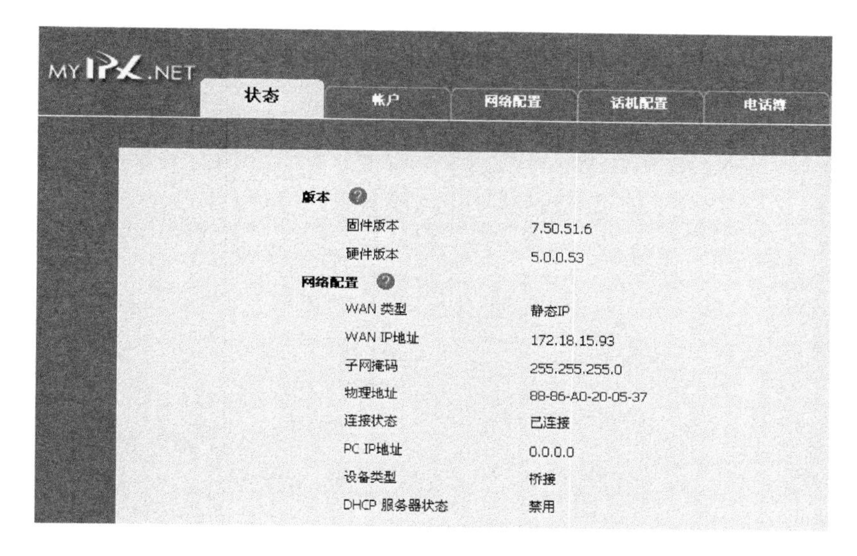

图 10.6　IP 电话机设置

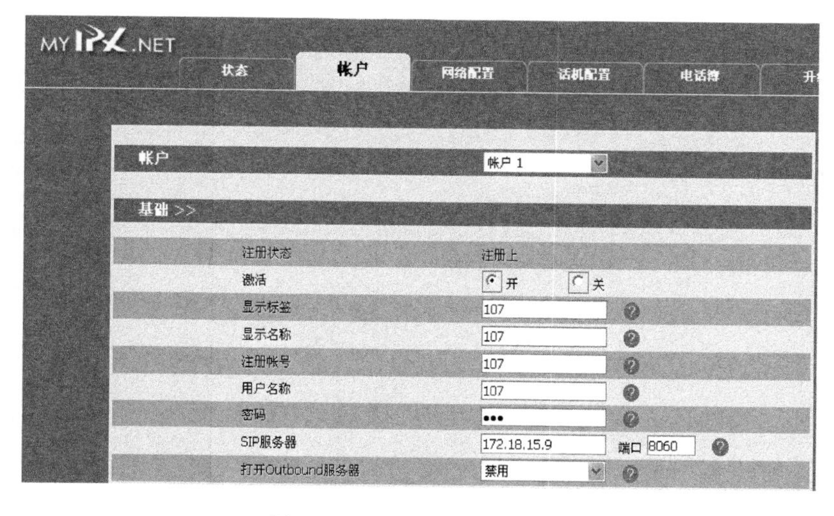

图 10.7　IP 电话机帐户注册

后,点击下方“提交”键注册,退出软件。至此 IP 电话通信系统配置完成。

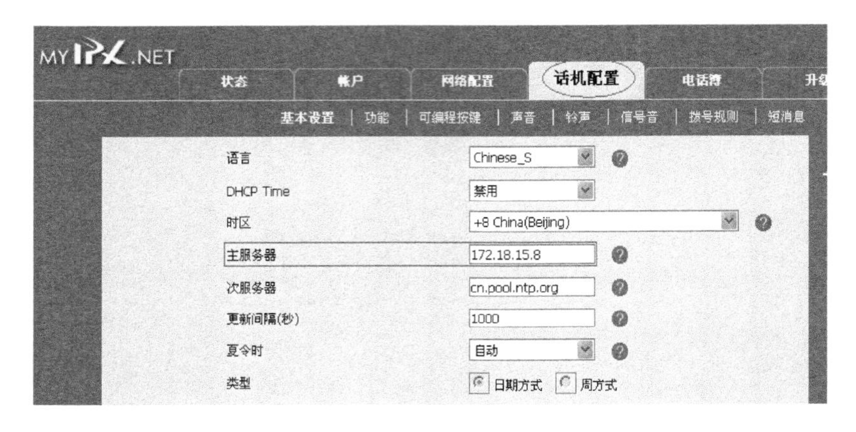

图 10.8　IP 电话机设置

(2)IP 电话通信操作

IPX/O 可连接 4 路模拟分机,号码设置为 200、201、202、203。模拟分机拨打 IP 分机号码(例如 107);IP 分机拨打模拟分机号码(例如 200),或 IP 分机拨打 IP 分机号码即可进行语音通信。

11　气体储存与输送系统操作

11.1　钢瓶集装格的操作

氢气舱中的钢瓶集装格为自动探空系统长期工作提供气源保证，在设备使用过程中，必须确保有一组钢瓶集装格为备用气源。当设备发出需补充气源报警后，需在不超过三个工作日内对已用完氢气的钢瓶集装格进行置换。钢瓶集装格的置换步骤如下：

◇关闭钢瓶集装格出气口端的截止阀；

◇用 150 mm 以上的铜活动扳手拧下出气口连接软管接头；

◇将卸下的钢瓶集装格推至氢气舱外并装载于装运车，送至氢气站充气；

◇将灌装好氢气的钢瓶集装格推至氢气舱内，连接钢瓶集装格出气口端与汇流集连接软管接头，要拧紧，防止漏气；

◇拧开钢瓶集装格出气口端的截止阀，观察压力表指示有无异常。必要时，用手持式氢气泄漏检测仪检查氢气泄漏情况，确认无氢气泄漏后，换瓶完成。

11.2　汇流集的操作

(1)打开汇流集的操作

远端站安装架设完成后，一般不再进行汇流集的操作。如确有操作需求时，按以下步骤进行操作：

◇检查并关闭汇流集输出端的截止阀;

◇检查并打开氢气集装格输出端的截止阀;

◇调整汇流集两个氢气输入端的减压阀,分别将两个减压阀输出端压力调整至 0.25 MPa;

◇检查并打开汇流集输出端的减压阀,将减压阀输出端压力调整至 0.15 MPa;

◇汇流集装置为设备提供氢气。

(2)汇流集维修的操作

如确有操作需求或进行维护维修时,按以下步骤进行操作:

◇检查并关闭集装格输出端的截止阀;

◇打开汇流集电磁阀及放球筒内的电磁阀,施放氢气。

11.3 管道的检查操作

远端站安装架设完成后,一般不再进行管道的操作。如确有操作需求或置换泄漏管道时,按以下步骤进行操作[①]:

◇关闭钢瓶集装格输出截止阀;

◇打开放球筒充气电磁阀,放空管道内余气;

◇采用氮气置换法或注水排气法对管道加压,排空余气,并检查管道泄漏;

◇正常使用后,用氢气泄漏检测仪再次检查管道接头处是否泄漏;

◇管道检查正常后,方可投入使用。

---

① 减压阀、管道等有氢气泄漏时,应立即停止使用并维修。

12　探空仪装载操作

此项工作为施放探空仪前的准备工作，一次检测24只探空仪，合格的探空仪才能被安装到转盘上。取出要装载的探空仪，并将包装箱光盘中探空仪的检定证号文件复制到数据处理计算机的自动探空系统终端数据接收软件（即"GRS01型高空气象探测系统软件"）目录的/PARA/子目录文件夹中。

探空仪的装载操作分几个步骤完成：

（1）探空仪装载基测；

（2）气球组合的装配；

（3）探空仪、气球组合、放线器的装载。

具体步骤如下文所示。

12.1　探空仪基测操作

探空仪基值测定的具体操作步骤如下：

◇接通检测箱电源，使检测箱的测量电路，铂电阻通风干湿表和硅压阻式气压传感器等预热3～5分钟；

◇若探空仪要求进行多点检测，应配制不同的饱和盐溶液，把饱和盐盒装入检测箱内，依次进行检测；

◇若探空仪只需在自然湿度条件下进行检测，则只将饱和盐托盘放入检测箱内，不必加饱和盐或水。若只进行高湿点的检测，则饱和盐托盘中加入蒸馏水即可；

◇拉出检测箱的导轨，把被检探空仪放入合适的探空仪定位盒，并安装在温湿检测口一侧的导轨上；

◇用专用检测电缆将探空仪与接收机连接,取下传感器保护罩,将探空仪传感器柔性支架小心地放入检测箱密闭的测试室中;

◇待检测室内的温度和湿度平稳(3 分钟以上)后,即可由探空仪接收和数据处理系统的计算机调用;

◇打开数据处理计算机中的终端数据接收软件,点击"电池加电"按钮使探空仪电池接通工作;再点击"频率设置"菜单,弹出如图 12.1 所示对话框,确定工作频率后,探空仪发射频率和探空接收机接收频率相对应,探空接收数据或曲线能正常显示;

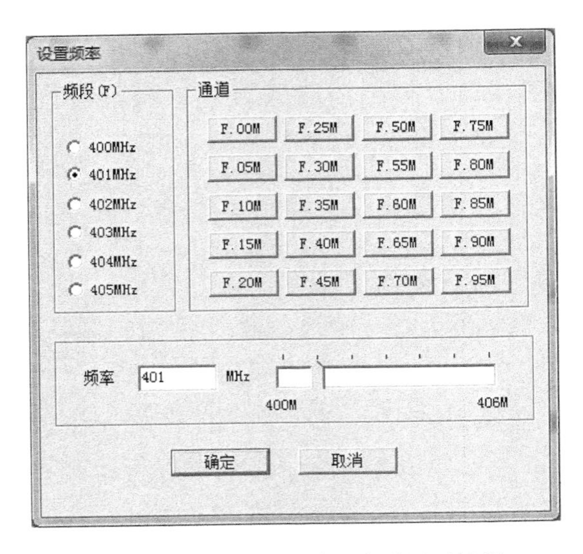

图 12.1　探空系统工作频率设置对话框

◇点击终端数据接收软件的"基测"键,开始探空仪基测检查。待"基测"键开关状态改变后,再次点击"基测"键,关闭“基测”开关，结束探空仪基值测定；然后点击“地面参数”菜单项“基值测定记录”表项，弹出基值测定记录表，如图 12.2 所示；

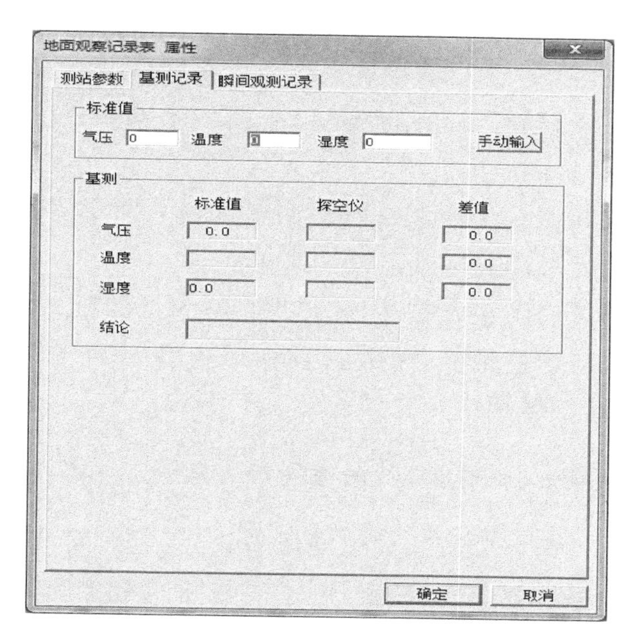

图 12.2　基值测定记录表

◇如果探空仪合格（探空仪示值与检测箱示值进行比较，如果气压差小于 1.5 hPa，温度差小于 0.4℃，相对湿度差小于 5%，输出“探空仪合格”结论），按“确定”键返回主界面；如果探空仪不合格，则更换探空仪，重复上面的操作；

◇再次点击“电池加电”按钮，使探空仪电池关断并断开探空仪连接电缆，同时关闭检测箱电源，将基测合格的探空仪从检测箱内取出，准备装载探空仪至自动转盘上。

12.2 气球组合的装配

气球组合装配的具体操作步骤为:

◇在备件柜中取出气球、充气气门、放线器及安装基座;

◇将充气气门防松圈套入安装座,并将气门进气口插入安装座;

◇绷开探空气球的球柄将其套入充气气门,使气球的球柄口超过气门高度约一倍的长度;

◇将气门防松圈拉高,并使球柄穿过防松圈;

◇拉住球柄使其外翻,把球柄口折叠拉到气门的口部以上,气球与球柄组合完毕。

12.3 探空仪、气球组合、放线器的装载

探空仪组合装载的具体操作步骤为:

◇用手按住工作室与控制室间隔断门上电动窗的开窗按钮,打开工作室电动窗;

◇启动控制计算机自动探空系统终端控制软件,点击软件界面中的“探空仪安装”键,打开探空仪安装控制界面,如图 12.3 所示;

◇点击探空仪安装控制界面中的“安装下一个”按钮,使自动转盘填料装置中已施放过的装载盒转至待填料位置;

◇用手拉出装载盒,将基测合格的探空仪装入装载盒中的探空仪装载基座上;

◇用手向上托住施放推杆,使装载盒气门钩从扣紧位

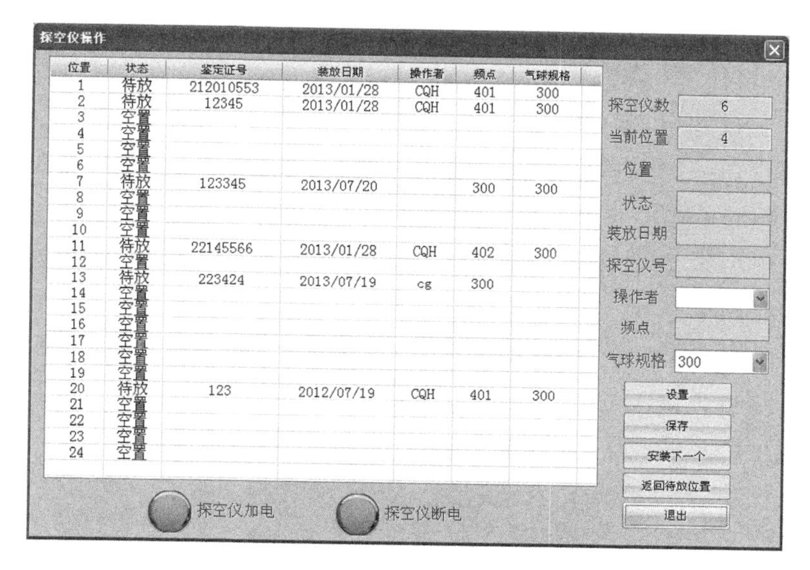

图 12.3　探空仪组合安装对话框

置滑开，将组合好的气球组合插入装载盒上的充气嘴；

◇松开施放推杆使装载盒气门钩扣紧气门。再将放线器卡入气球组合气门的卡孔中，撕开放线器上的固线胶布，拉出约 15 cm 的绳线穿入探空仪盒体挂环并紧系牢靠，然后将放线器放入放线器盒中；

◇推入装载盒，使之复位后，点击软件界面中的“探空仪加电”键，激活探空仪使之工作（如探空仪不工作，稍许拉出探空仪后再装入到位，再加电使之工作，反复三次，探空仪还不能工作，换一个探空仪，重复以上的操作）；

◇在终端数据接收软件能正常接收探空仪数据的情况下，双击选中某安装位置，在右边探空仪号、操作者和频点项就会变成可编辑的，输入需要修改的参数，点击“保存”

按钮;

◇再点击软件界面中的“探空仪断电”键,使探空仪停止工作,此位置探空仪安装完毕。如果要删除某探空仪组合的安装,则在右边栏中删除探空仪号,点击“保存”即可,并删除在此位置探空仪的安装。

◇重复上述操作,完成对探空仪已施放过的装载盒进行新探空仪组合的装载,待24只探空仪组合安装完成后,点击“返回待放位置”键,转盘就转动至装放日期最早的探空仪组合的待放位置;

◇点击“退出”按钮返回自动探空系统终端控制软件界面,探空仪组合的装载或增加装载的操作完成,自动探空系统处于等待放球状态。

13 配套设备的操作

13.1 空压机

◇接通空压机电源，空压机开始工作；

◇接通空压机气路阀门①。

13.2 空调设备②

在自动探空系统中，远端站方舱的空调是为方舱中探空设备而安装，目的是为方舱提供一个较为稳定的工作环境。空调电源通过工作室电源分机上的空调电源开关提供，在远端站开机工作时，该电源开关必须置于“接通”状态，因此，只要远端站有外接电源，空调内控制电路即处于通电状态。

(1)空调开机操作

◇按开/关键，空调开始工作，电源指示灯亮，并进入自动工作模式；自动模式指示灯和自动风量指示灯亮；

◇按模式键选择工作模式：自动、制冷、制热、送风；每按一次选择一种模式，依次循环；

◇按温度减小键或温度增加键，调整室内温度，每按一次增加键，设定温度增加1℃，每按一次减小键，设定温度减少1℃，温度设定范围16～32℃；

---

① 当气路输出压力达0.8 MPa时，空压机停止工作；当气路输出压力低于0.6 MPa时，空压机启动工作。

② 空调设备工作前，必须打开方舱空调舱室外舱门。

◇按风量选择键,根据需要调整风量的大小,每按一次选择一种风量,依次循环。

(2)空调关机操作

◇在开机状态下,再次按动开/关键,则空调自动关机。若制热状态下关机,风机自动延时 1 分钟断电;

◇再次启动空调工作时,需等待 3 分钟后开机。

13.3 除湿器

◇接通除湿器电源,设置相对湿度为 60%～80%工作模式;

◇接通运转开关,除湿器[①]开始工作;

◇关断除湿器电源,除湿器便停止工作。

13.4 网络时间服务器

网络时间服务器主要实现自动探空系统内网络设备时钟同步,并提供远端站站址地理信息。网络时间服务器随系统建设后,一般不再需要对其进行操作。但在第一次安装使用或维修更换后,按下述步骤进行操作:

◇连接好天线电缆、电源电缆,并将 RS232 串口及 RJ45 网络接至规定的串口服务器及网络设备接口;

◇接通电源后,打开其后面板上的电源开关;

◇参照《网络的时间服务器用户手册》,对网络时间服务器进行配置。网络时间服务器 IP 地址设置为 172.18.

① 当环境相对湿度超过 80%时,除湿器启动工作;当环境相对湿度低于 60%时,除湿器停止工作。

15.90；

◇网络时间服务器配置结束并重新启动。

13.5　卫星导航信号转发器(GPS转发器)

卫星导航信号转发器(GPS转发器)随系统建设后，一般不再需要对其进行操作。但在第一次安装使用或维修更换后，按下述步骤进行操作：

◇连接好室外天线及电缆并保持天线上空无遮挡；

◇连接好室内天线及电缆；

◇接通电源后，打开面板上的电源开关；

◇按下面板上“信号强度”开关“中”，转发器便投入工作。

13.6　无线网桥设备

无线网桥通信传输系统与系统建设安装同步进行，通信方案依据中心站与远端站的路由而定。架设安装后，应保证中心站与远端站通信的畅通，通信正常后不再对其进行操作。

14 自动探空业务操作

自动探空业务运行前,应做好正常开启设备电源、监控系统工作正常、探空仪组合装载完成、气源储存及输送操作就绪等准备工作。自动探空业务操作可在中心站进行,也可在远端站进行。

14.1 远端站业务操作

远端站业务操作的流程为:开启电源→启动自动探空系统终端控制软件→探空仪装载→打开气源→终端数据接收软件运行→探空数据接收→系统复位→关闭气源→退出自动探空系统终端控制软件→关闭电源。

远端站操作有自动运行、定时运行、手动放球(人工操作)三种工作模式,其中定时运行、自动运行操作模式为业务运行模式,手动放球为调试或用户维护保障操作模式。具体操作方法为:

(1)自动运行操作

1)正常操作流程

①按本书第8.1节、第10、11、12、13章要求的步骤进行操作或检查,使自动探空系统处于工作准备状态;

②在控制计算机上运行"开始"→"程序"→"自动探空系统终端控制软件"(或桌面"自动探空系统终端控制软件"快捷图标),即进入可执行程序的主界面(出现异常情况时应退出,待检查并排除系统故障后,重新启动);

③当系统硬件配置正常时,程序进入主界面如图14.1

所示；

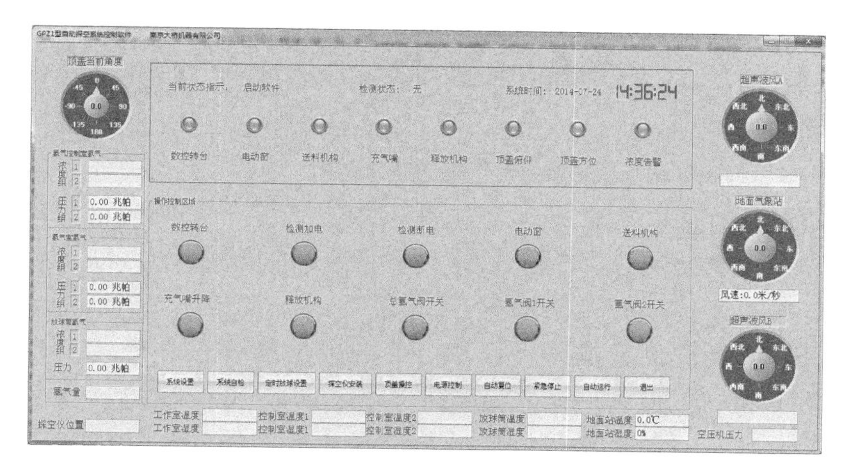

图 14.1　自动探空系统终端控制软件主界面

➢ 软件界面上部为主要设备的状态显示区，指示灯是绿色表示该设备处于初始状态；指示灯是红绿交替闪烁表示该设备正处于运行过程中；指示灯变成红色表示该设备的运行动作已完成。

➢ 软件界面中部为操作控制区域，分别为各个动作的控制按钮，当点击某个按钮时会执行相应的动作，并在状态显示区域显示出来当前执行的动作，按钮上图标也会相应发生变化。

➢ 软件界面的下部为远端站环境监测传感器的数据显示区域，实时显示有关数据。

➢ 软件界面的左部为远端站与气源储存和输送有关的监测传感器数据、转盘及顶盖当前位置的显示区域。

➢ 软件界面的右部为远端站地面气象仪与超声测风仪所测风数据（风向、风速）及空压机输出压力监控数据的显示区域。

④首次运行时,先点击“系统设置”键,对“气球充气量”“大风等待风速”“网络地址”等系统参数进行设置,确认后退出;

⑤再点击“自动运行”键并确认后,即系统启动自动操作流程;

⑥至此,自动探空系统“自动运行”的启动操作完成,系统便按下述流程自动运行,不再需要人工干预:

自动启动数据处理计算机终端数据接收软件→转盘转动→探空仪加电→探空数据录取→探空仪检测通过→后电动窗打开→送料机构伸出→后电动窗关闭→充气嘴升起→开启氢气阀门开始充气→充气完成→关闭氢气阀门→顶盖转动→顶盖打开→施放机构上升→气球飞出→启动点击终端数据接收软件“放球”→确认气球飞出→自动放球完成→顶盖关闭→顶盖复位→充气嘴落下→施放机构降落→电动窗打开→送料机构缩回→电动窗关闭→气球飞行→探空数据接收存储→气球爆炸→终端数据接收软件退出→探空数据处理、上报→自动探空完成→系统复位。

2)异常情况的处置

①地面风速超过 20 m/s 时,系统会停止运行;地面风速超过设置的“大风等待风速”时,系统会进入放球等待模式;

②自动运行过程中,出现异常情况时,应立即点击自动探空系统终端控制软件主界面“紧急停止”键,停止系统的继续运行;

③自动运行过程中,软件主界面氢气浓度监测数据超

过 4000 ppm 时，系统能自动关断控制室或汇流集电源，停止系统的继续运行；

④如果“紧急停止”发生在探空气球充气前，点击控制软件主界面“自动复位”键后，系统将自动复位至等待放球状态；

⑤如果“紧急停止”发生在探空气球充气中或充气后，只能使用手动复位（或先点击软件主界面“施放机构”键，弹出探空仪及气球，再点击“自动复位”键，系统才能自动复位至“等待放球状态”）。

（2）定时运行操作[①]

①按本书第 8.1 节、第 10、11、12、13 章要求的步骤进行操作或检查，使自动探空系统处于工作准备状态；

②在控制计算机上运行“开始”→“程序”→“自动探空系统终端控制软件”（或桌面“自动探空系统终端控制软件”快捷图标），即进入可执行程序的主界面（出现异常情况时应退出，待检查并排除系统故障后，重新启动）；

③当系统硬件配置正常时，程序进入主界面如图 14.1 所示；

④首次运行时，先点击“系统设置”键，对“气球充气量”“大风等待风速”“网络地址”等系统参数进行设置，确认后退出；

⑤再点击“定时运行”键，在弹出“放球设置”对话框（如图 14.2）中，点击“添加”设定自动运行启动时间，按“确定”退出；

---

① 系统运行全过程有视频图像的监控和语音提示。

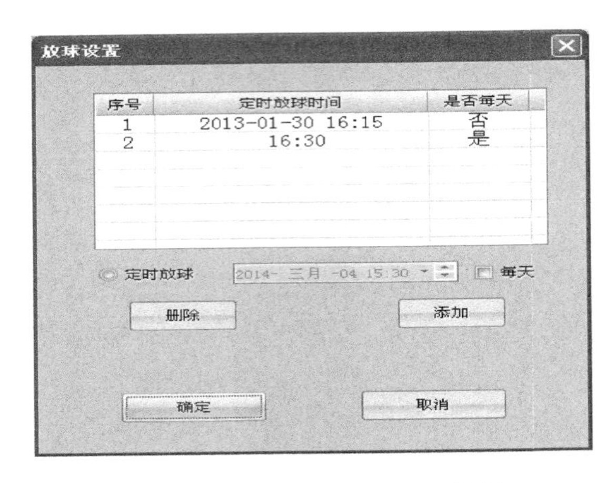

图 14.2　定时放球时间设置对话框

⑥当到达设定的运行时刻时,系统便自动启动运行,直至探空任务的完成(探空仪检测不通过时,转盘自动转入下一个待放位置)。

(3)手动放球操作

①按“自动运行操作”的步骤①②③④做好准备工作。

②在图 14.1 所示主界面上,按照以下手动操作流程,依次点击相应“按钮”,一步一步完成放球及探空数据录取、处理:

启动数据处理计算机终端数据接收软件→转盘转动→探空仪加电→探空仪检测通过→后电动窗打开→送料机构伸出→后电动窗关闭→充气嘴升起→开启氢气阀(电磁阀 1 或 2、总电磁阀)→完成充气→关闭氢气阀→顶盖转动→顶盖打开→施放机构上升→气球飞出→确认气球飞出→顶盖关闭→顶盖复位→气嘴落下→施放机构降落→电动窗打开→送料机构缩回→电动窗关闭→手动放球完成→自动放球系统复位→气球飞行→探空数据接收存储→气球爆炸→终端数据接收软件退出→探空数据处理、上报→手动操作完成。

③开/闭、转动顶盖的操作方法[①]。

◇点击“顶盖操控”键，启动“开/闭、转动顶盖”操控界面（如图 14.3 所示）；

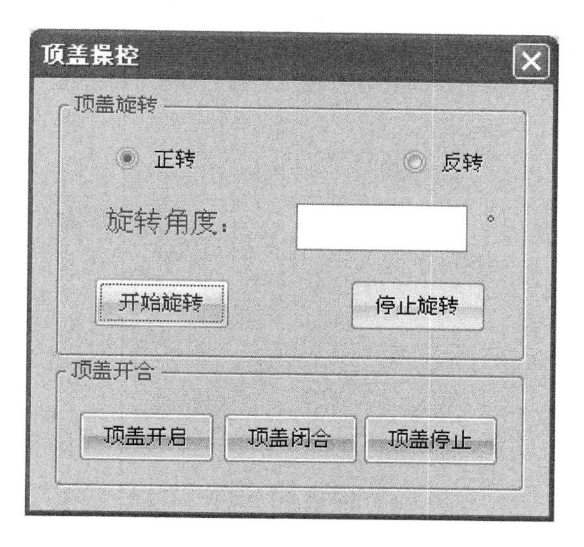

图 14.3　顶盖操控界面

◇根据顶盖实际位置，选择“正转”或“反转”，并在“旋转角度”对话框输入角度数值；

◇点击“开始旋转”，顶盖即可旋转到指定角度位置。旋转过程中遇到紧急情况时，可以点击“停止旋转”，停止顶盖的转动；

◇顶盖的开闭。点击“液压开关”使顶盖开启/闭合处于工作状态。顶盖闭合时，点击“顶盖开启”可打开顶盖；顶

① 顶盖转动范围不超过±178°，顶盖关闭时须在零位；顶盖处于打开位置时，不能进行顶盖旋转操作。

盖打开时,点击“顶盖闭合”可关闭顶盖。在动作过程中也可点击“顶盖停止”键使顶盖的打开、关闭动作停止;

◇顶盖闭合后,再次点击“液压开关”,关闭液压装置电源。

④电源控制的操作方法。

◇点击“电源控制”键,启动“远端站电源监控”操控界面(如图 14.4 所示);

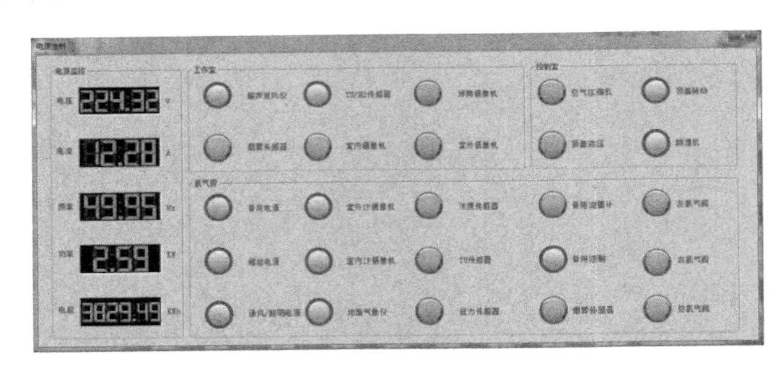

图 14.4　远端站电源监控界面

◇点击相关按钮键,便可开启相应设备电源;

◇界面左边显示区,显示外接电源的“电压”“频率”当前远端站耗电“电流”“功率”以及自建设安装起的总用电量“电能”。

⑤系统人工复位的操作方法。

◇如果泄漏氢气浓度超标时,系统会断开自动放球系统电源,此时只能采取人工复位方式使系统复位。需复位时,点击“自动复位”键,则弹出“人工复位”操控提示框(如图 14.5 所示),操作人员按步骤操作,便可进行系统复位。

⑥系统自检的操作方法。

◇在图 14.1 所示主界面上,点击“系统自检”键,启动系

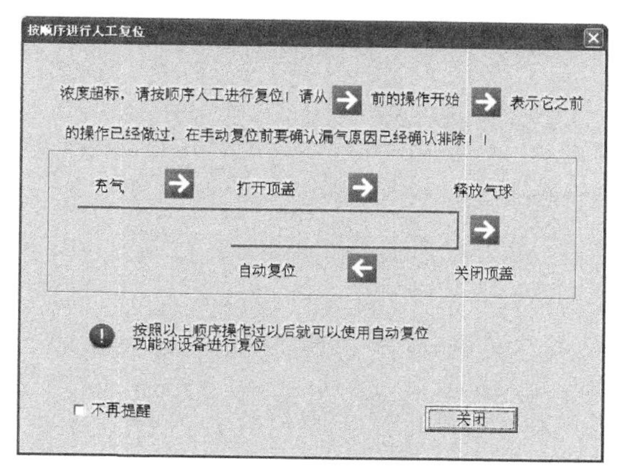

图 14.5　人工复位的操作提示框

统自检操控界面（如图 14.6 所示）；点击“开始自检”，系统软件开始对“串口”“传感器状态”“系统参数”等进行检测；

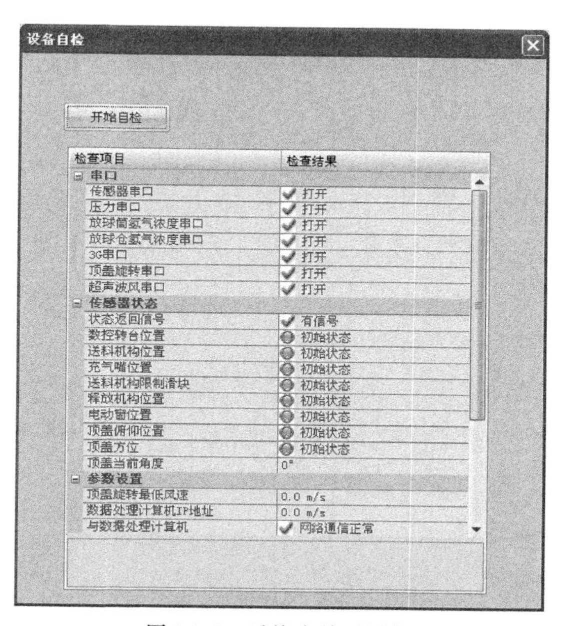

图 14.6　系统自检对话框

◇检测完成后,检测结果便显示“正常与故障”的结论。

14.2 中心站业务操作

(1)正常业务操作[①]

①按远端站业务操作中“自动运行操作”的步骤①②③④做好准备工作;

②接通中心站设备柜电源,开启 UPS 电源,启动主、副工作站并打开显示器电源,图像显示器便可监控到远端站图像;

③在主工作站运行“自动探空系统中心控制软件”,点击“远程连接”键,等待连接远端站控制计算机,连接成功后,主工作站显示器便显示连接远端站控制计算机桌面;

④在远端站控制计算机桌面启动“自动探空系统终端控制软件”,便可按照远端站业务操作方法,选择“自动运行”“定时运行”或“手动操作”模式,进行自动探空系统的业务操作;

⑤探空结束后,可在副工作站上调取远端站数据处理计算机存储的探空数据,进行相关的数据处理、气象通报上报。

(2)特殊情况操作

在长期不使用自动探空系统(保障远端站与中心站的通信与视频监控)或其他特殊情况下,需关闭/重启远端站其他用电设备电源时,按下面操作方法进行:

---

① 如果远端站氢气气源不足或者待放探空仪数量少于 4 个时,软件将在整点和半点的时候发出声光报警,此时应采取措施,对相应情况进行处理。远端站外接电源长期中断时,应停止系统运行操作。

1)远端站电源关闭

①在主工作站上,点击“自动探空系统中心控制软件”界面“电源控制”按钮,进入“电源控制”界面,顺序关闭“通风照明”“氢气舱电源”“控制室电源”“工作室电源”“总电源”及“工作室空调”“控制室空调”“氢气舱空调”的“关”按钮,远端站设备电源关闭,点击“确定”按钮,关闭窗口;

②远端站设备电源关闭后,在中心站仍能对远端站进行视频监控并能与远端站保持 IP 电话通信。

2)远端站电源重启

①长期关闭远端站电源,需要重新启动工作时,在主工作站上点击“自动探空系统中心控制软件”界面“电源控制”按钮,进入“电源控制”界面;

②依次顺序打开“总电源”“通风照明”“工作室电源”“控制室电源”“氢气舱电源”及“工作室空调”“控制室空调”“氢气舱空调”的“开”按钮,远端站所有设备电源接通,点击“确定”按钮,关闭窗口;点击“空调温度”按钮,打开工作室空调;

③远端站工作室电源接通后,控制计算机与数据处理计算机便会自动启动;在远端站气源、探空仪及气球准备妥当的情况下,即可在中心站重新开展自动探空业务操作。

15 终端控制软件业务操作使用

本软件为自动探空系统终端控制软件(简称控制软件),是自动探空系统软件系统的重要组成部分,主要实现对远端站硬件的监视、控制功能,包括自动探空远端站系统设置、探空仪安装、开关控制与状态指示、系统运行(自动运行、定时运行及手动操作)的控制等,以使操作员了解系统运行状态,保证系统安全、稳定的运行。

目前,控制软件版本为V2.1。

15.1 软件安装与卸载

15.1.1 系统需求

(1)硬件环境

平台运行所需计算机的最低配置:

CPU:主频2.4 GHz以上,双核;

内存:2 G以上;

显卡:支持1024×768、1152×864、1280×1024三种分辨率;

硬盘:500 G。

(2)软件环境

适用的操作系统:WindowsNT4.0 WorkStation、Windows 2000、Windows XP及Windows 7.0。

15.1.2 安装步骤

在远端站控制计算机Windows操作软件中,运行配套光盘文件夹中的“控制终端安装.exe”安装程序，出现“欢迎”对话框，如图 15.1 所示。

GPZ-1自动探空系统终端控制软件 安装程序
欢迎
欢迎使用 GPZ-1自动探空系统终端控制软件 2.1 安装程序。
强烈建议您在继续该安装之前，退出所有 Windows 程序。
如果您有任何其他程序正在运行，请单击“取消”，关闭程序，然后再次运行该安装程序。
否则，请单击“下一步”继续。
< 返回(B)
下一步(N) >
取消(C)

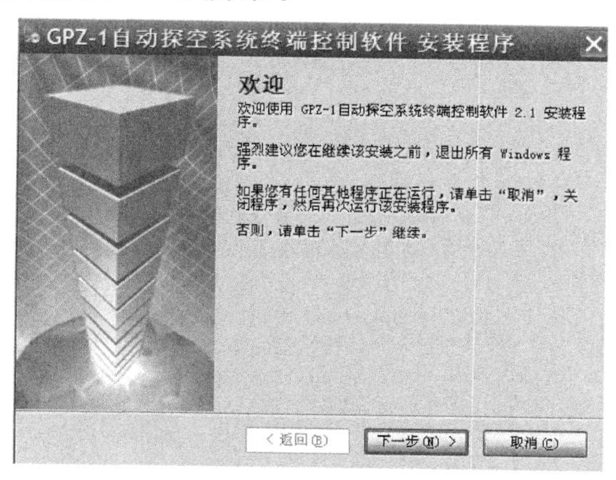

图 15.1　软件安装欢迎对话框

单击“下一步”按钮，在图 15.2 所示的画面中，输入用户信息。

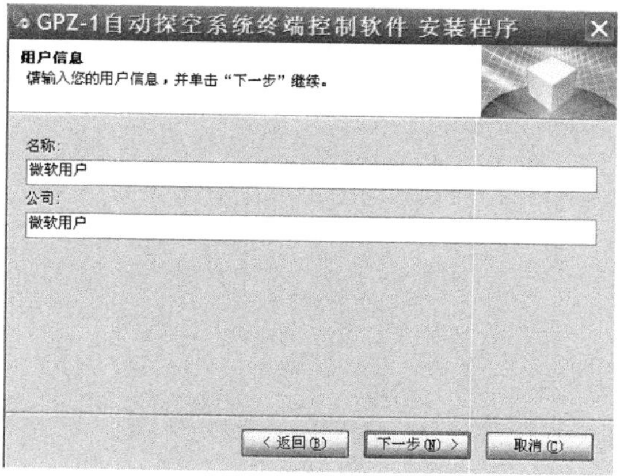

GPZ-1自动探空系统终端控制软件 安装程序
用户信息
请输入您的用户信息，并单击“下一步”继续。
名称：
微软用户
公司：
微软用户
< 返回(B)
下一步(N) >
取消(C)

图 15.2　输入用户信息

单击“下一步”,出现图 15.3 的对话框,选择要开始安装菜单的文件夹。点击“更改”按钮可选择其他的文件夹。

单击“下一步”,准备安装,如图 15.4 所示。

GPZ-1自动探空系统终端控制软件 安装程序

安装文件夹

您想将 GPZ-1自动探空系统终端控制软件 安装到何处?

软件将被安装到以下列出的文件夹中。要选择不同的位置，键入新的路径，或单击“更改”浏览现有的文件夹。

将 GPZ-1自动探空系统终端控制软件 安装到:

C:\Program Files\GPZ-1自动探空系统终端控制软件

更改(H)...

所需空间: 28.2 MB

选定驱动器的可用空间: 19.13 GB

< 返回(B)　下一步(N) >　取消(C)

图 15.3　安装位置菜单

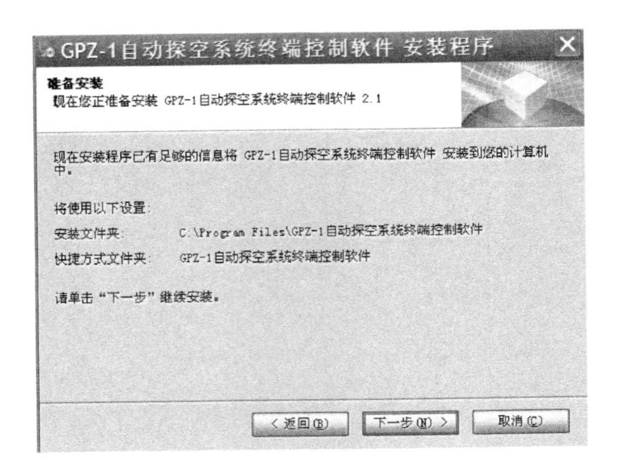

图 15.4　准备安装

点击“下一步”按钮，进入安装状态。安装完成后，出现如图 15.5 所示画面。

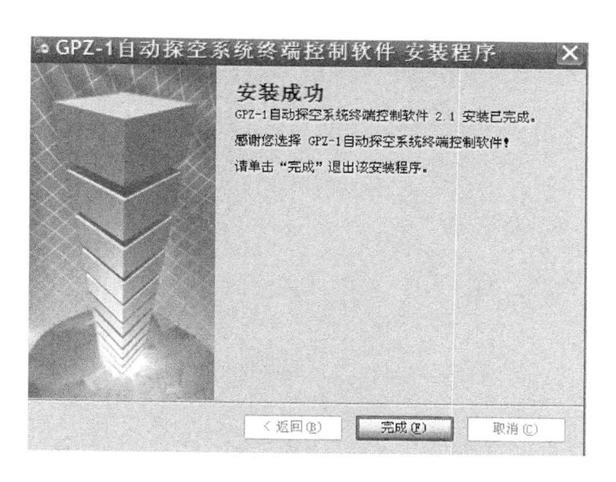

图 15.5　安装完成

单击“完成”按钮，关闭窗口。

此时可以在控制计算机桌面的“开始”→“程序”中查找到“GPZ-1 自动探空系统终端控制软件”程序组。

15.1.3　软件卸载

在远端站控制计算机 Windows 操作桌面，依次单击“开始”→“程序”→“GPZ-1 自动探空系统终端控制软件”，选择“卸载”，或运行已安装的程序文件夹中的卸载程序，出现如图 15.6 对话框。

单击“下一步”进入卸载状态。卸载完成后，出现如图 15.7 所示画面。

单击“完成”关闭窗口，软件卸载完成。

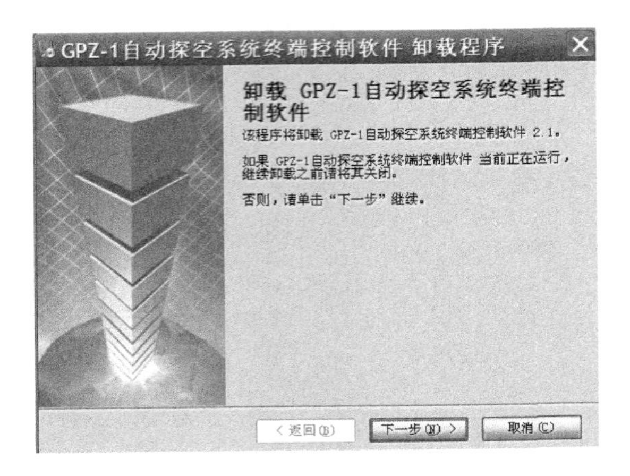

图 15.6　准备卸载

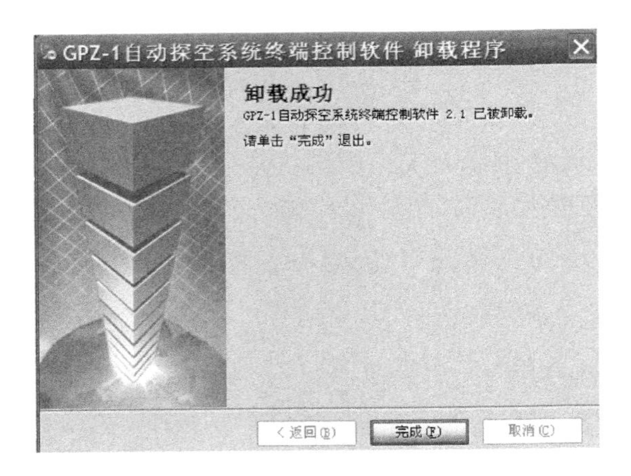

图 15.7　卸载完成

15.2　软件使用

15.2.1　启动与退出

在 Windows 运行环境下(本例以 Windows XP 为例)，

运行“开始”→“程序”→“GPZ-1 自动探空系统终端控制软件”，弹出该软件的可执行程序，点击即进入可执行程序的主界面。如果没有发现串口会出现提示对话框，如图 15.8 所示。

图 15.8 没有发现串口提示框

当串口设置正常时程序进入主界面，如图 15.9 所示。

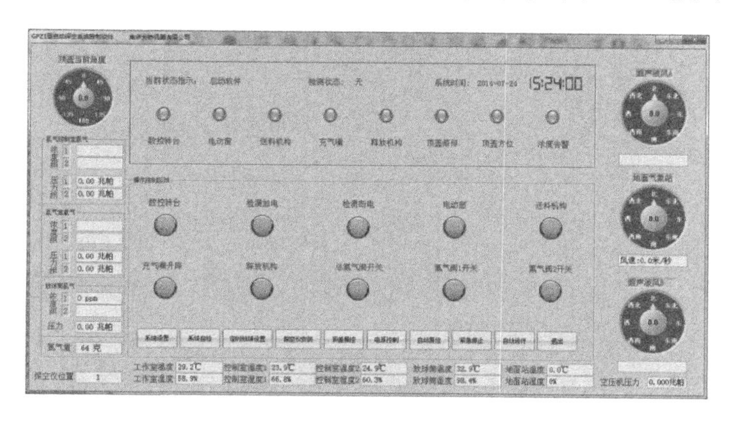

图 15.9 “自动探空系统终端控制软件”主界面

软件界面上部为主要设备的状态显示区，指示灯是绿色表示该设备处于初始状态；指示灯是红绿交替闪烁表示该设备正处于运行过程中；指示灯变成红色表示该设备的运行动作已完成。如图 15.10 所示画面。

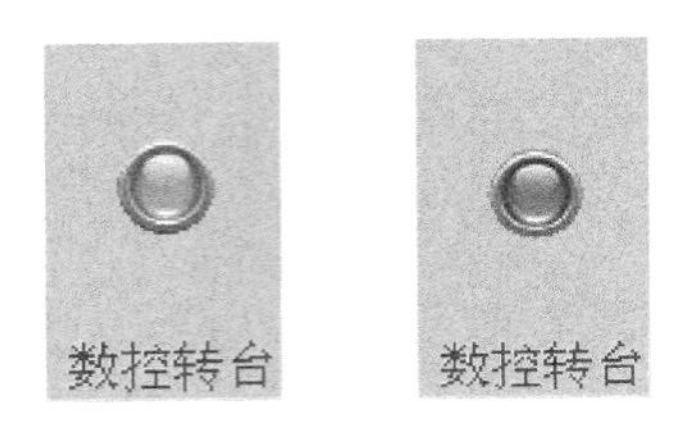

图 15.10 数控转台转前和转后的指示灯情况

基测状态、系统时间和当前状态也在该区域显示出来。

软件界面中部为操作控制区域,分别为各个动作的控制按钮,当点击某个按钮时会执行相应的动作,并在状态显示区域显示出来当前执行的动作,按钮上图标也会相应发生变化。如图 15.11 所示画面。

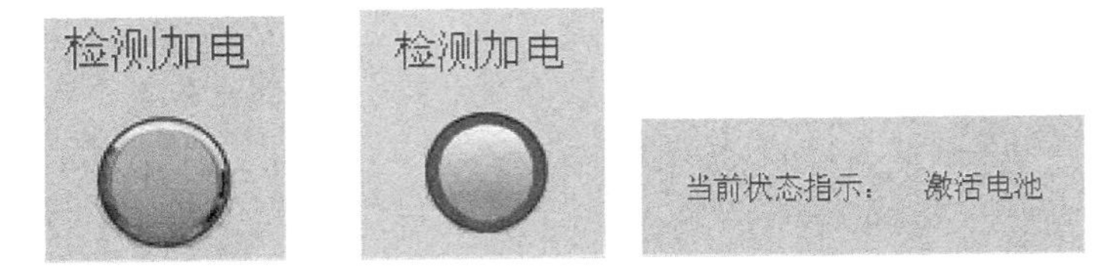

图 15.11 检测“未加电”之前的按钮

软件界面的下部为远端站环境监测传感器的数据显示区域,实时显示有关数据。

软件界面的左部为远端站与气源储存和输送有关的监测传感器数据、转盘及顶盖当前位置的显示区域。

软件界面的右部为远端站地面气象仪与超声测风仪所测风数据(风向、风速)及空压机输出压力监控数据的显示区域。

单击“退出”按钮或点击平台主界面右上角的关闭按钮,弹出如图 15.12 的退出提示框,单击“取消”放弃退出,单击“确定”则退出软件。

图 15.12　退出自动放球软件

15.2.2　系统设置

点击“系统设置”按钮，弹出密码登陆对话框，如图 15.13 所示。输入正确密码，点击“确认”按钮弹出系统设置对话框，如图 15.14 所示。

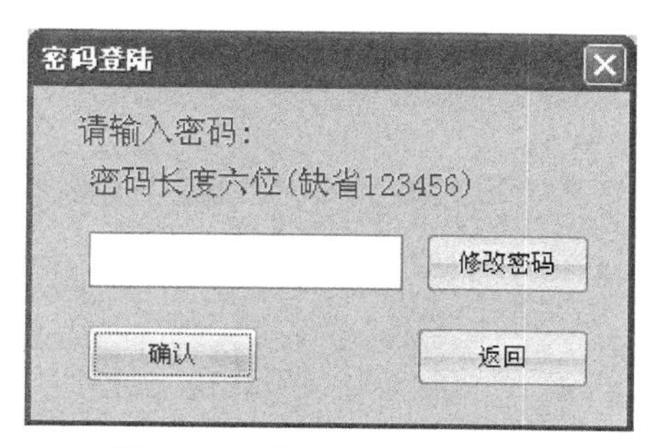

图 15.13　“密码登陆”对话框

在这里可以对串口相关参数、本地计算机和中心控制计算机的地址信息以及系统信息进行设置，点击“确认”按钮后设置信息会保存下来，下次使用就不需要再次设置了。

15.2.3　探空仪安装操作

点击“探空仪安装”按钮，弹出探空仪安装对话框，如图 15.15 所示。

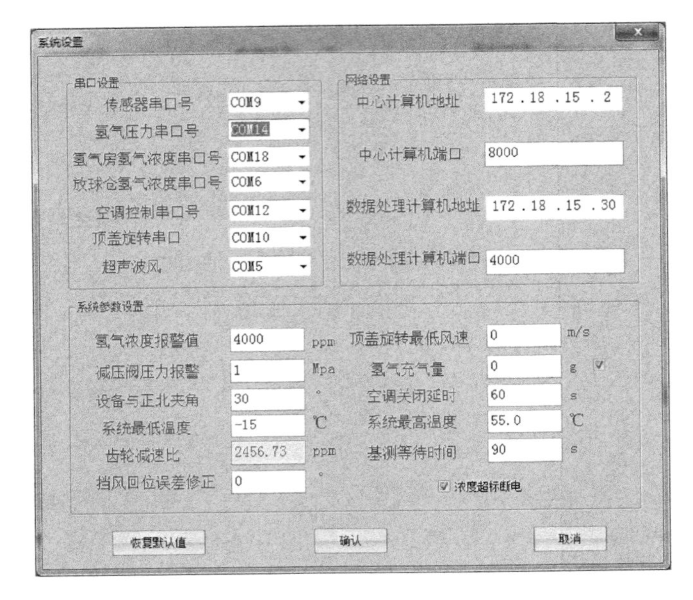

图 15.14　“系统设置”对话框

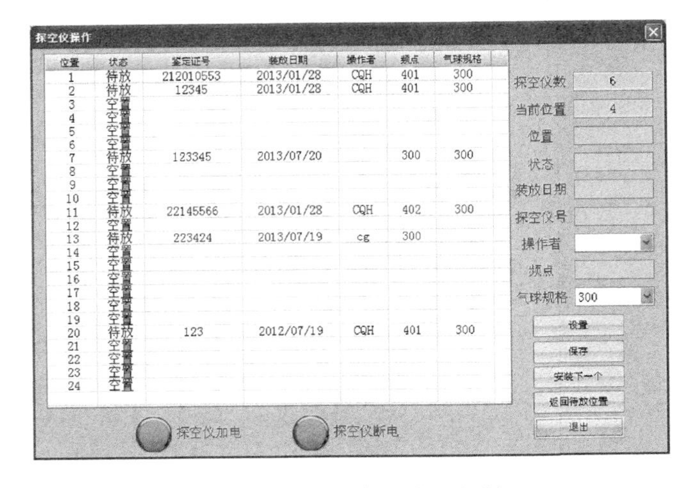

图 15.15　“探空仪安装”对话框

双击选中某安装位置，在右边探空仪号、操作者和频点项就会变成可编辑的，输入需要修改的值之后，点击“保存”按钮，此位置探空仪安装完毕。如果要删除某组已经安装好的探空仪，在右边删除探空仪号，点击“保存”按钮，此位置探空仪删除。点击“安装下一个”按钮，转台转动一格。点击“返回待放位置”按钮，转台转动至待放装放日期最早探空仪的位置。

在安装好探空仪后可以对探空仪进行加电断电的测试，确保安装好的探空仪没有故障，可以顺利进行使用。

15.2.4　顶盖操作

如果在放球结束后顶盖旋转没到指定的位置，可以通过点击“顶盖操控”按钮，弹出顶盖操控对话框，如图15.16所示。在弹出的对话框选项里指定旋转的角度和旋转的方向进行旋转，也可以进行顶盖开启和闭合的操控。

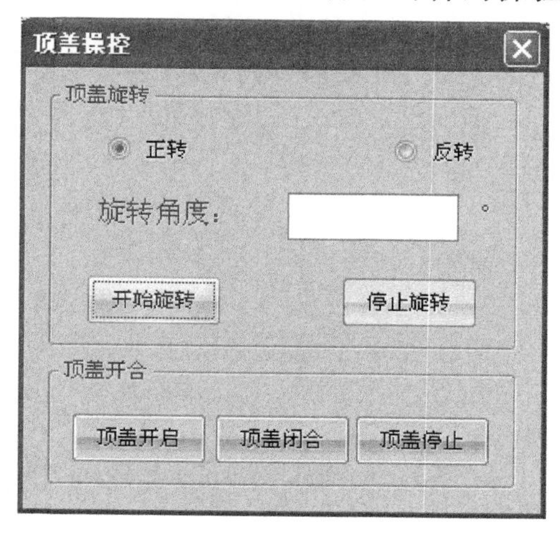

图15.16　“顶盖操控”对话框

15.2.5 自动运行

点击“自动运行”按钮,便启动“自动运行”,完成探空仪的自动施放。如果系统硬件设备串口没有正确连接,则会弹出提示框,如图 15.17 所示。

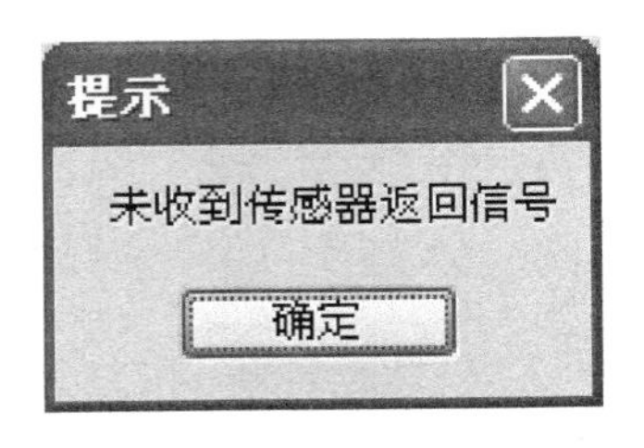

图 15.17 未收到返回信号

如果系统硬件配置正确,并且串口数据接收正常,就会进入到自动运行状态,逐步完成探空仪的自动施放。

在“自动运行”过程中,如果遇到紧急情况,需要停止自动放球时,可以点击“紧急停止”按钮,停止自动放球流程。

在自动放球的过程中,不能点击其他操控按钮对设备进行操作,直到“自动运行”完成后才可以进行其他的操作。

15.2.6 系统自检

点击“系统自检”按钮,可以对系统的网络通信、串口通信、硬件设备、传感器状态等进行检测。如图 15.18 所示。

点击“开始自检”,系统便开始检测。检测完毕会给出检测列表清单,如正常则可以进行放球操作。反之,如异常则给出一般诊断原因,方便调试人员进行调试和故障排除。

15.2.7 电源控制

点击“电源控制”按钮,则弹出电源控制对话框,如图

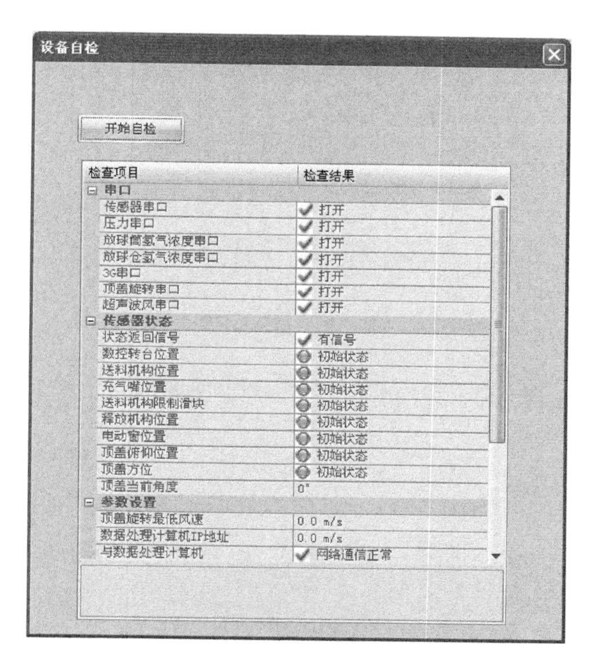

图 15.18 “系统自检”对话框

15.19 所示，可以对系统设备电源进行操作控制和状态显示。

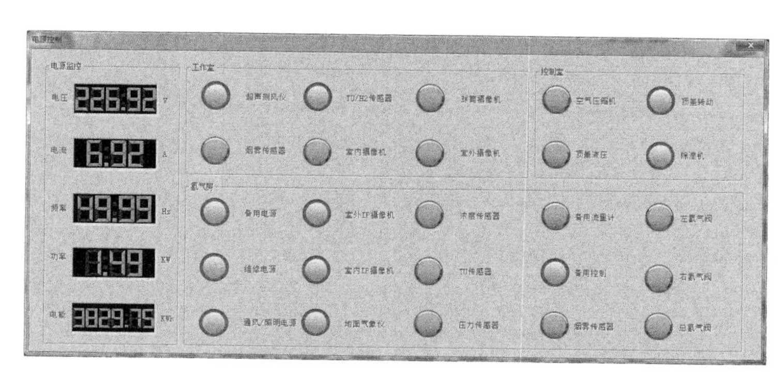

图 15.19 “电源控制”对话框

界面按钮显示有三种状态：

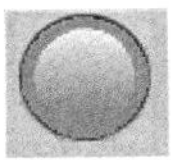常态。表示按钮处于一直接通的状态，即电源工作状态。

关闭。表示按钮处于未使用状态，即电源关闭状态。

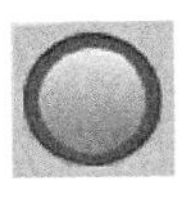接通。表示按钮处于已使用状态，即电源接通状态。

在电源控制中还有一个独立的部分就是电源监控显示区，实时显示设备所运行的电压、电流以及功耗等参数。

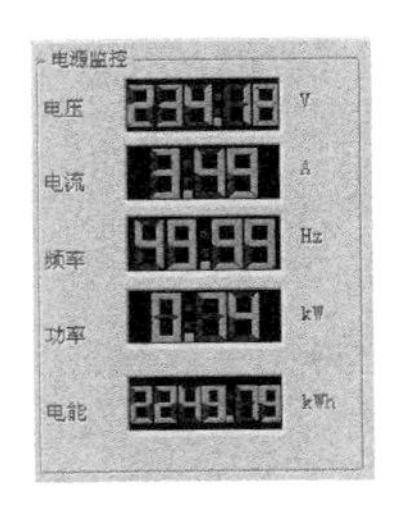

15.2.8　定时放球

点击“定时放球设置”按钮，则弹出“定时放球设置”界面，如图 15.20 所示。点击“定时放球”选项，则可以设定系统自动运行的时间，并且可以定义是否每天都在该时间段执行，在确定需要设定的时间后，点击“添加”按钮，可以对预先设计的时间段进行列表显示，按时间先后顺序进行排列，可以清晰地告诉使用者所设定的时间。如若设定的时间不合适，先选择该时间，再点击“删除”按钮对其进行删除。

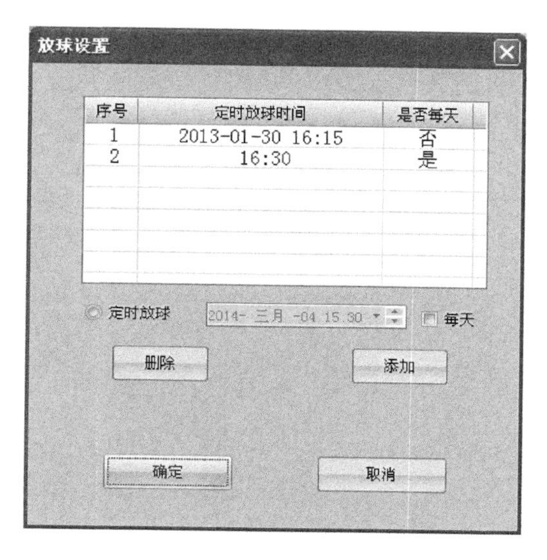

图 15.20　“定时放球设置”对话框

15.2.9　自动复位

在充气过程开始之前，当自动探空系统已执行自动运行，但需要紧急停止时，可以点击“自动复位”按钮，对紧急停止后的设备进行系统自动复位，以便下次系统运行。

在充气过程已经开始，当自动探空系统由于某种原因“紧急停止”或因氢气浓度泄漏超标而造成紧急停止后，需要进行系统复位时，此时点击“自动复位”按钮，则会弹出如图 15.21 所示的“按顺序进行人工复位”提示框，操作员按照提示便可对自动探空系统设备进行手动复位。

15.2.10　手动操作

软件界面中间部分为操作控制区域，分别为各个动作的控制按钮，当点击某个按钮时会执行相应的动作，并在状

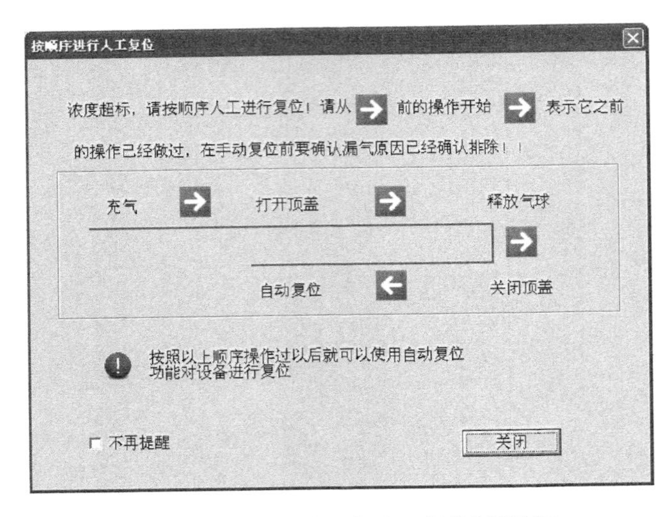

图 15.21 “按顺序进行人工复位”提示框

态显示区域显示出来当前执行的动作，同时按钮上图标也会相应发生变化。

16　中心控制软件业务操作使用

本软件为自动探空系统中心控制软件(也称远程控制软件),是自动探空系统软件系统的重要组成部分,主要完成远程计算机及电源分机的连接、实现对远端站的监控功能,包括远端站设备电源、空调电源的控制,室内温湿度环境参数的监测,远程桌面监视以及有关报警信息的提示等,以支持中心站操作员了解系统运行状态,保证系统安全、稳定的运行。

目前,远程控制软件版本为 V2.1。

16.1　软件安装与卸载

16.1.1　安装步骤

在远端站控制计算机 Windows 操作软件中,运行配套光盘文件夹中的“中心站安装 .exe”安装程序,出现“欢迎”对话框,如图 16.1 所示。

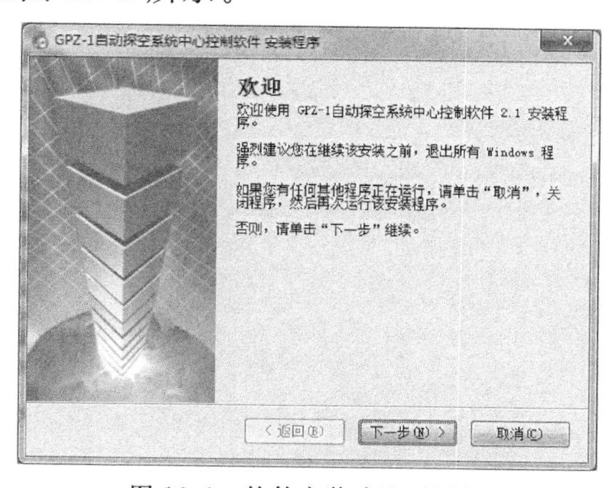

图 16.1　软件安装欢迎对话框

单击"下一步"按钮,在图 16.2 所示的画面中,输入用户信息。

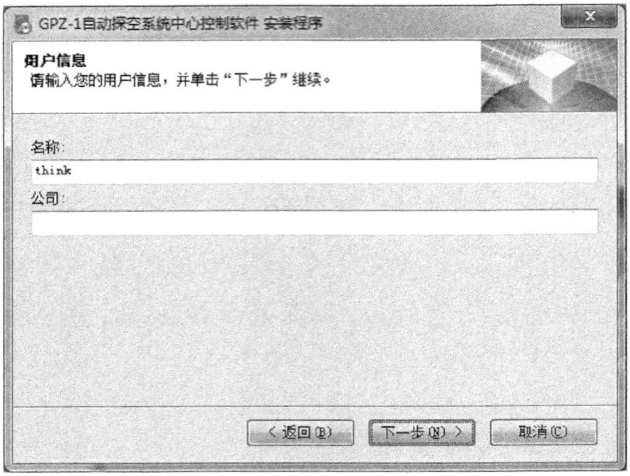

GPZ-1自动探空系统中心控制软件 安装程序
用户信息
请输入您的用户信息，并单击"下一步"继续。
名称:
think
公司:
< 返回(B)
下一步(N) >
取消(C)

图 16.2　输入用户信息

单击"下一步",出现如图 16.3 所示的对话框,选择要开始安装菜单的文件夹。点击"更改"按钮可选择其他的文件夹。

GPZ-1自动探空系统中心控制软件 安装程序
安装文件夹
您想将 GPZ-1自动探空系统中心控制软件 安装到何处?
软件将被安装到以下列出的文件夹中。要选择不同的位置，键入新的路径，或单击"更改"浏览现有的文件夹。
将 GPZ-1自动探空系统中心控制软件 安装到:
C:\Program Files (x86)\GPZ-1自动探空系统中心控制软件
更改(H)...
所需空间: 20.3 MB
选定驱动器的可用空间: 11.60 GB
< 返回(B)
下一步(N) >
取消(C)

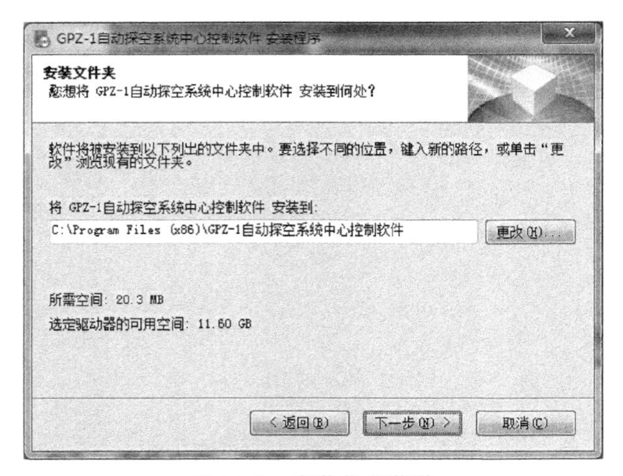

图 16.3　安装位置菜单

单击“下一步”，准备安装，如图 16.4 所示。

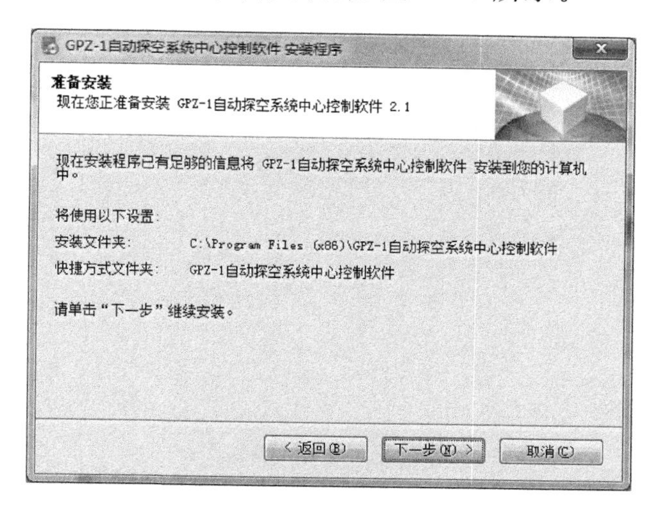

图 16.4　准备安装

点击“下一步”按钮，进入安装状态，如图 16.5 所示。

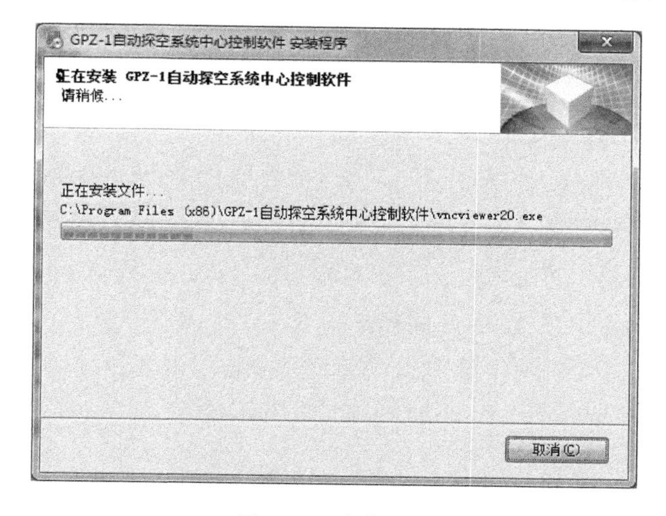

图 16.5　安装过程

安装完成后,出现如图 16.6 所示的画面。

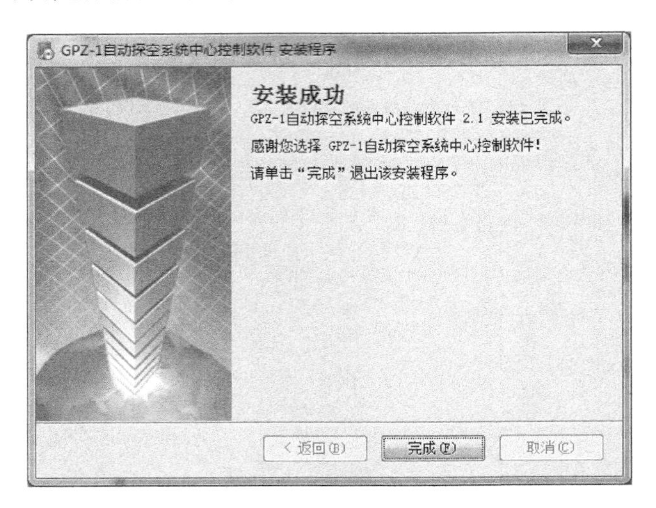

图 16.6　安装完成

单击"完成"按钮,关闭窗口。

此时可以在控制计算机桌面的"开始"→"程序"中查找到"GPZ1 型自动探空系统中心控制软件"程序组。

16.1.2　软件卸载

在远端站控制计算机 Windows 操作桌面,依次单击"开始"→"程序"→"GPZ1 型自动探空系统中心控制软件",选择"卸载",或运行已安装的程序文件夹中的卸载程序,出现如图 16.7 所示的对话框。

单击"下一步"进入卸载状态,如图 16.8 所示。

卸载完成后,出现如图 16.9 所示的画面。

GPZ-1自动探空系统中心控制软件 卸载程序
卸载 GPZ-1自动探空系统中心控制软件
该程序将卸载 GPZ-1自动探空系统中心控制软件 2.1。
如果 GPZ-1自动探空系统中心控制软件 当前正在运行，继续卸载之前请将其关闭。
否则，请单击“下一步”继续。
< 返回(B)
下一步(N) >
取消(C)

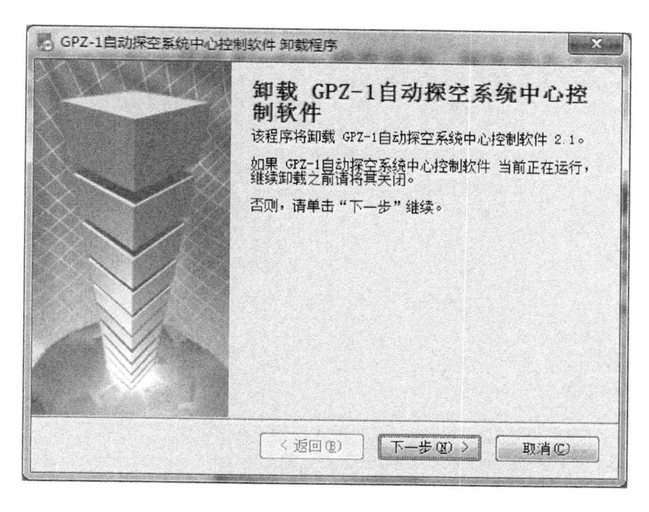

图 16.7 准备卸载

GPZ-1自动探空系统中心控制软件 卸载程序
正在移除 GPZ-1自动探空系统中心控制软件
请稍候...
正在移除快捷方式...
取消(C)

图 16.8 卸载过程

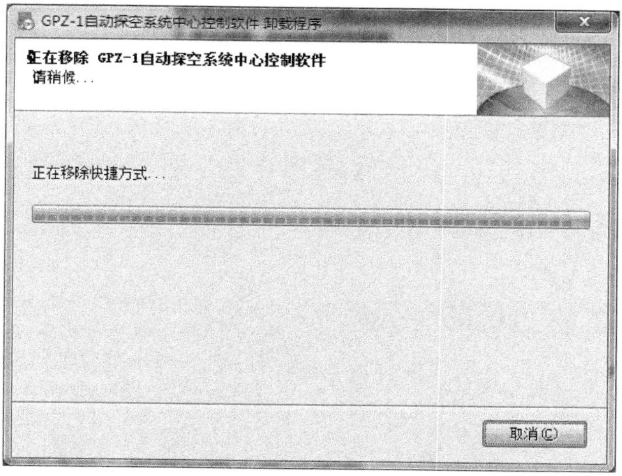

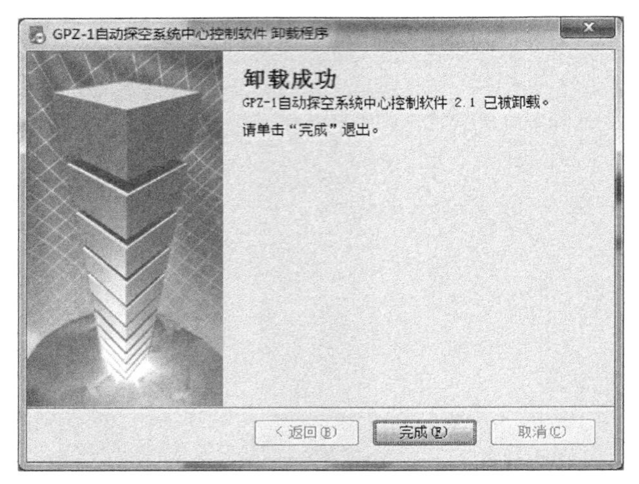

图 16.9　卸载完成

单击“完成”关闭窗口，软件卸载完成。

16.2　软件使用

16.2.1　主工作站操作

在主工作站上，双击桌面“GPZ-1 中心控制软件(也称远程控制软件)”快捷方式即进入可执行程序的主界面，如图 16.10 所示。

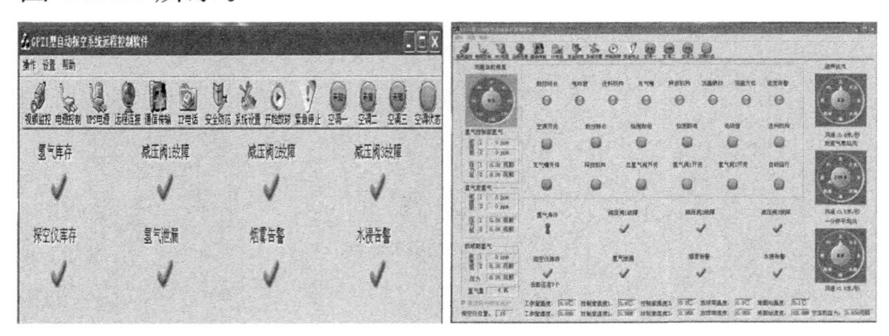

图 16.10　“远程控制软件”主界面(简洁界面和完整界面)

在主界面中可以观察到自动放球系统的工作状态，如果存在故障或者报警信息，则界面中的指示灯将显示为红色，此时应采取相应的措施对故障或者报警情况进行处理。

单击“退出系统”按钮或点击平台主界面右上角的关闭按钮，弹出如图 16.11 所示的退出提示框，单击“取消”放弃退出，单击“确定”则退出平台软件。

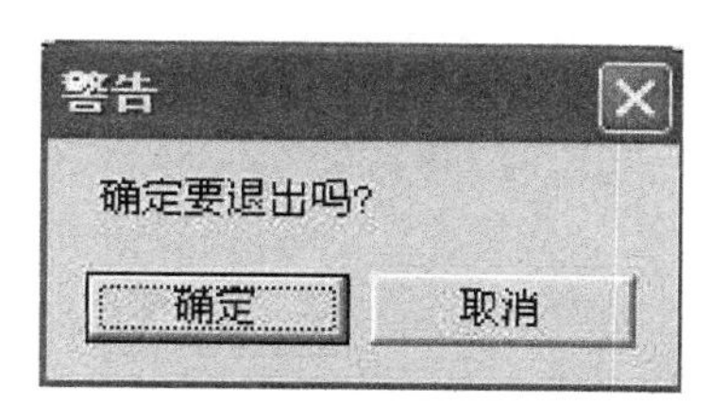

图 16.11　退出管理平台软件

单击“远程连接” 按钮，弹出如下对话框，输入控制计算机的 IP 地址，点击“连接”按钮，即可在主工作站终端上显示远端站控制计算机的桌面。如图 16.12 所示。

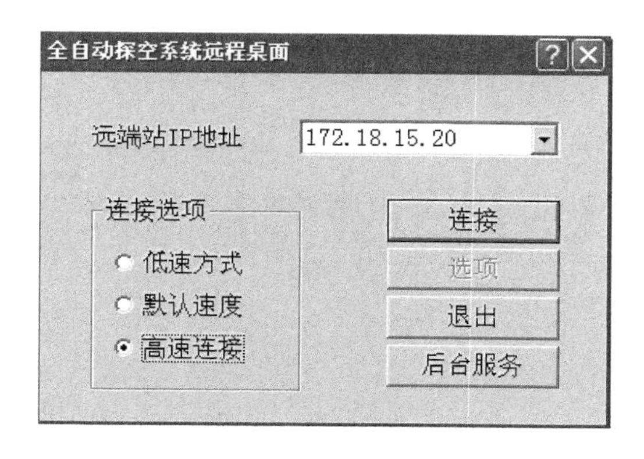

图 16.12　“远程控制”对话框

单击“开始放球”按钮，则启动自动探空系统远端站“自动探空系统控制软件”进行自动放球操作。

单击“紧急停止”按钮，可对正在执行的放球操作进行紧急中止。

单击“电源控制”按钮，弹出如下对话框，可在其中对远端站电源进行控制。如图 16.13 所示。

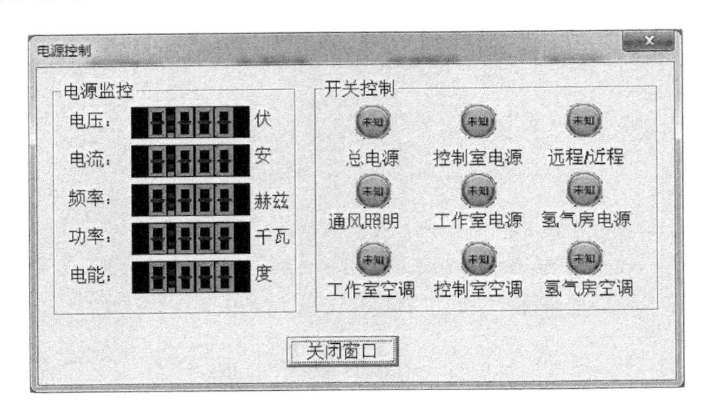

图 16.13　“电源控制”对话框

16.2.2　副工作站操作

副工作站启动时，则在副工作站终端上显示远端站数据处理计算机的桌面，实现对远端站数据处理计算机的监控。

17　终端数据接收软件业务操作使用

自动探空系统终端数据接收软件(简称终端数据接收软件,目前采用 GRS01 型高空气象探测系统软件)采用 Visual C++ 6.0 语言开发。主要完成高空气象探测的控制、监测、数据录取等任务。其主要功能包括:探空数据自动录取;显示系统工作状态;显示实时的温度、气压、湿度数据和探空仪位置信息;具备在“放球过程”中自动修改和人工修改各种数据的能力;保存探空数据;提供联机帮助等。

目前,终端数据接收软件版本为 V2.1。

17.1　软件安装

终端数据接收软件安装之前,应确保计算机至少满足对软件和硬件的要求。

17.1.1　运行环境要求

WindowsNT4.0 WorkStation、Windows 2000、Windows XP 及 Windows 7.0;

CPU 为 P4 3.0 GHz 以上;

1 GHz 内存,80 GHz 硬盘以上;

一个 CD-ROM 驱动器;

一个与 Windows 兼容的鼠标;

17 in(分辨率不低于 1024×768×256 色)显示器;

激光打印机;

配置至少 4 个 RS232 串行通信接口的 Nport 系列 MoXA 串口服务器一个。

17.1.2　安装步骤

(1)运行“自动探空系统终端数据接收软件安装程序”

点击“终端数据接收安装.exe”,出现如图 17.1 所示界面。

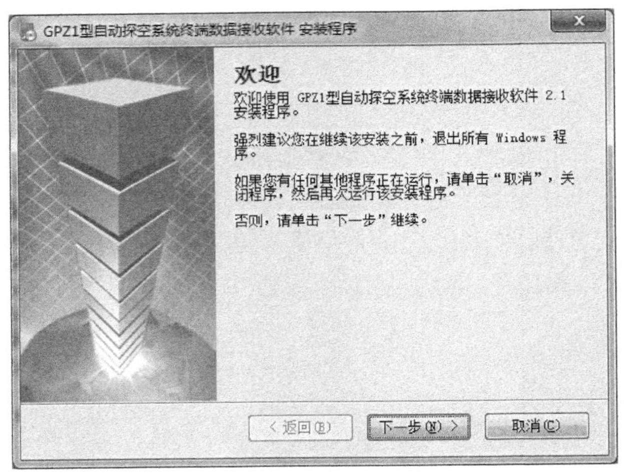

图 17.1　软件安装欢迎对话框

(2)选择安装程序的用户信息

点击“下一步”按键,出现如图 17.2 所示界面,填写用户信息。

(3)选择安装程序的路径

点击“下一步”按键,出现如图 17.3 所示界面,选择安装程序的路径。

(4)安装程序

点击“下一步”按键,安装程序将文件安装在指定位置,安装完成后弹出如图 17.4 所示的对话框,点击“完成”,结束安装。

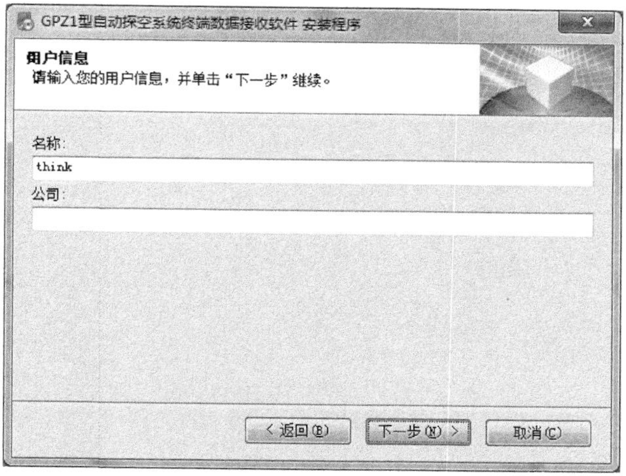

GPZ1型自动探空系统终端数据接收软件 安装程序

用户信息

请输入您的用户信息，并单击“下一步”继续。

名称:

think

公司:

< 返回(B)　下一步(N) >　取消(C)

图 17.2　安装程序

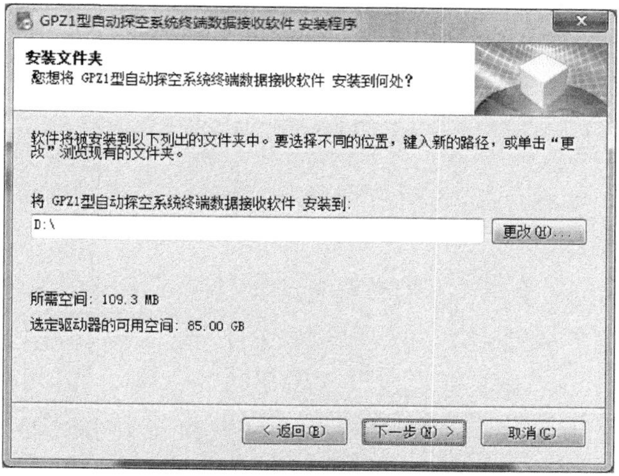

GPZ1型自动探空系统终端数据接收软件 安装程序

安装文件夹

您想将 GPZ1型自动探空系统终端数据接收软件 安装到何处?

软件将被安装到以下列出的文件夹中。要选择不同的位置，键入新的路径，或单击“更改”浏览现有的文件夹。

将 GPZ1型自动探空系统终端数据接收软件 安装到:

D:\

更改(H)...

所需空间: 109.3 MB

选定驱动器的可用空间: 85.00 GB

< 返回(B)　下一步(N) >　取消(C)

图 17.3　安装程序的路径

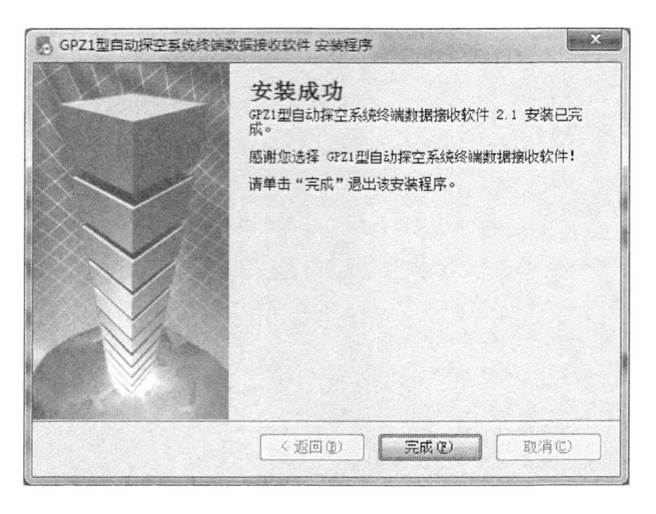

图 17.4　安装结束

软件安装完毕后，安装程序将在计算机上建立一个名为 GPS 的文件夹，在 GPS 文件夹下分别创建 control，datapre，para，dat，datbak，wdat，wdatbak，help，sound，textdat，map 等子文件夹，用来存放各种类型的文件。各个文件夹的作用是：

control：存放“终端数据接收软件”(GPS. EXE)及所需库文件等；

datapre：存放“终端数据接收软件”(GPS_P. EXE 目前不作为业务处理软件)及所需库文件等；

para：存放待施放探空仪参数文件，该文件由探空仪生产厂家以光盘的形式提供，使用时需保证待施放的探空仪参数文件已存放在该目录里；

dat：存放每次探测的数据文件(业务)；

datbak：存放每次探测的数据文件备份(业务)；

wdat：存放每次探测的数据文件，用于备份处理软件；

wdatbak：存放每次探测的数据文件备份，用于备份处理软件；

help：存放帮助文件和业务操作手册；

sound：存放工作时所需的各种声音、波形文件；

textdat：存放各种数据的文本文件；

map：存放地图文件。

软件安装完成后，会在“开始”菜单的程序菜单下一级菜单建立一个“GPZ1 自动探空系统终端数据接收软件”文件夹。在文件夹的下一级菜单中包含“GPS”子菜单项，同时在桌面上则增加了“GPS”快捷方式图标。

（5）Nport 系列 MoXA 串口服务器配置

确保本端计算机已安装了 Nport 串口服务器驱动程序。

1）设置接收机串口协议及工作模式

打开网页浏览器，在网址输入处输入：http://172.18.15.60，按回车键，进入串口服务器设置程序，如图 17.5 所示。

点击“Submit”按键，进入“Reset”对话框，点击“Reset”按键，设置成功。设置串口工作模式，如图 17.6 所示。

接收机串口在网络中以 UDP 协议发送和接收数据。对应的 IP 地址：172.18.15.60；端口：4001。

该端口数据和方舱工作室计算机通信（IP 地址：172.18.15.30；端口：4000）。

该端口数据和远端计算机通信（IP 地址：172.18.15.3；端口：4000）。

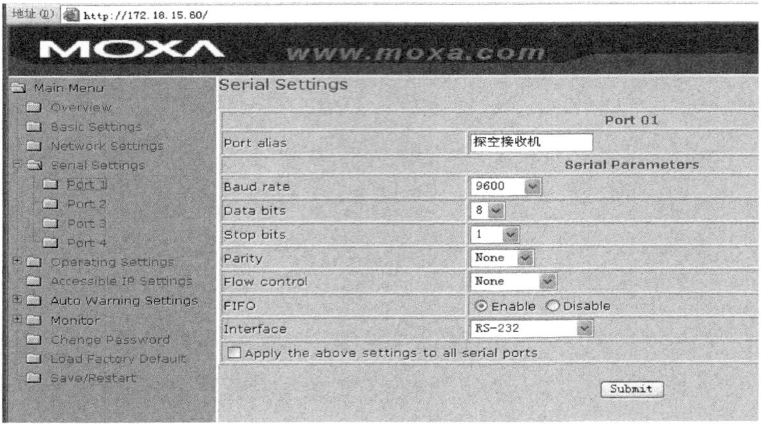

图 17.5 设置接收机串口协议

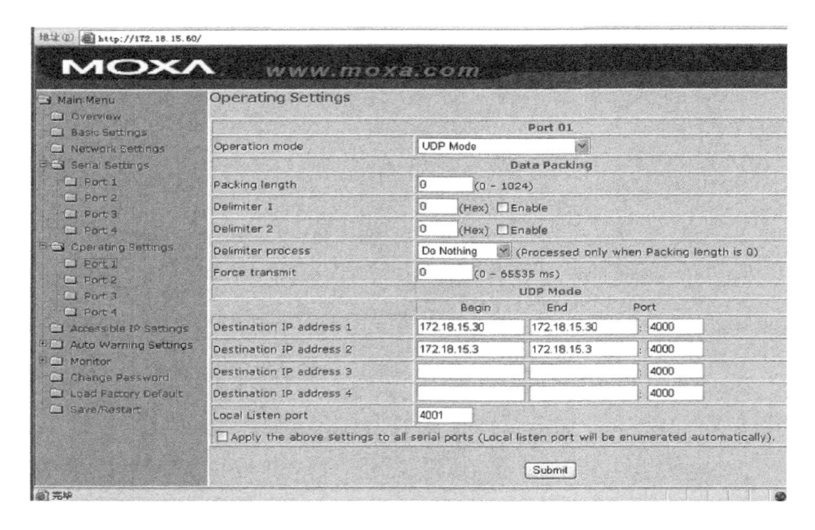

图 17.6 设置接收机串口工作模式

2)设置检测箱串口协议及工作模式

打开网页浏览器,在网址输入处输入:http://172.18.15.60,按回车键,进入串口服务器设置程序,如图 17.7 所示。

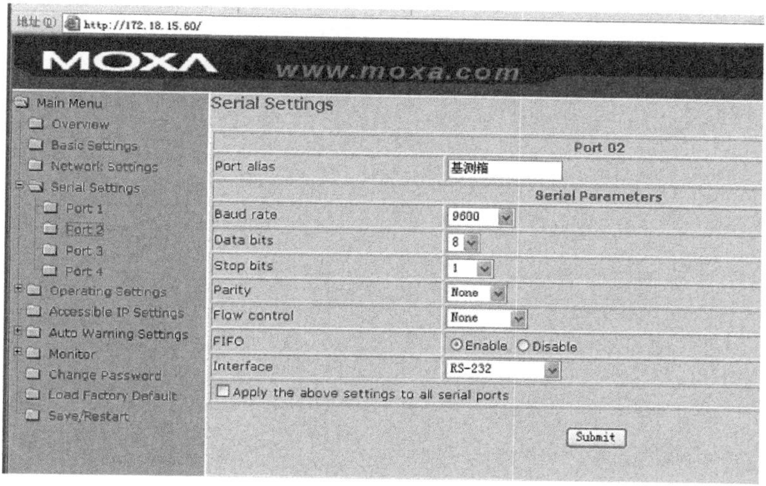

地址(D) http://172.18.15.60/

MOXA www.moxa.com

Main Menu
Overview
Basic Settings
Network Settings
Serial Settings
Port 1
Port 2
Port 3
Port 4
Operating Settings
Accessible IP Settings
Auto Warning Settings
Monitor
Change Password
Load Factory Default
Save/Restart

Serial Settings

	Port 02
Port alias	基测箱
	Serial Parameters
Baud rate	9600
Data bits	8
Stop bits	1
Parity	None
Flow control	None
FIFO	⊙Enable ○Disable
Interface	RS-232

☐Apply the above settings to all serial ports

Submit

图 17.7　设置检测箱串口协议

点击“Submit”按键，进入“Reset”对话框，点击“Reset”按键，设置成功。设置串口工作模式，如图 17.8 所示。

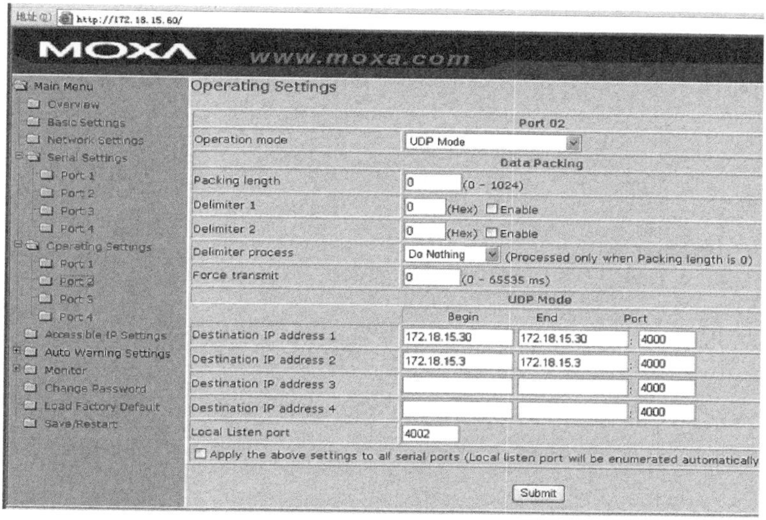

地址(D) http://172.18.15.60/

MOXA www.moxa.com

Main Menu
Overview
Basic Settings
Network Settings
Serial Settings
Port 1
Port 2
Port 3
Port 4
Operating Settings
Port 1
Port 2
Port 3
Port 4
Accessible IP Settings
Auto Warning Settings
Monitor
Change Password
Load Factory Default
Save/Restart

Operating Settings

	Port 02		
Operation mode	UDP Mode		
	Data Packing		
Packing length	0 (0 - 1024)		
Delimiter 1	0 (Hex) ☐Enable		
Delimiter 2	0 (Hex) ☐Enable		
Delimiter process	Do Nothing (Processed only when Packing length is 0)		
Force transmit	0 (0 - 65535 ms)		
	UDP Mode		
	Begin	End	Port
Destination IP address 1	172.18.15.30	172.18.15.30	4000
Destination IP address 2	172.18.15.3	172.18.15.3	4000
Destination IP address 3			4000
Destination IP address 4			4000
Local Listen port	4002		

☐Apply the above settings to all serial ports (Local listen port will be enumerated automatically

Submit

图 17.8　设置检测箱串口工作模式

检测箱串口在网络中以 UDP 协议发送和接收数据。对应的 IP 地址:172.18.15.60 ;端口:4002。

该端口数据和方舱工作室计算机通信(IP 地址:172.18.15.30; 端口:4000)。

该端口数据和远端计算机通信(IP 地址:172.18.15.3; 端口:4000)。

3)设置控制室检测箱串口协议及工作模式

打开网页浏览器,在网址输入处输入:http://172.18.15.80,按回车键,进入串口服务器设置程序,如图 17.9 所示。

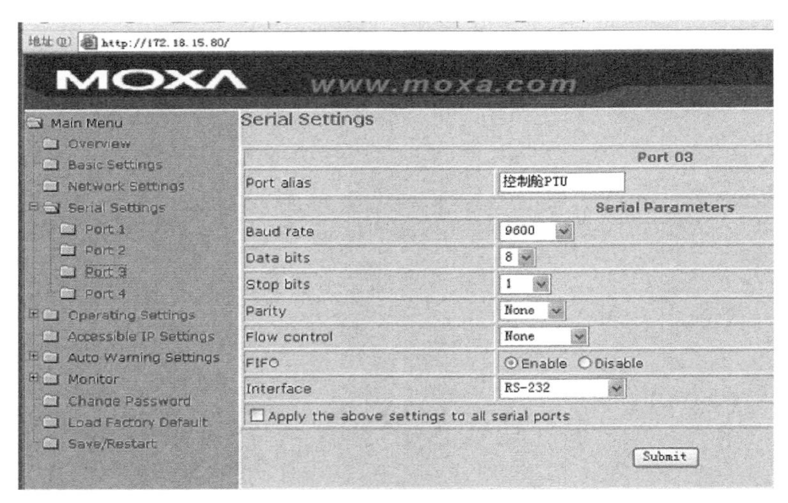

图 17.9 设置控制室检测箱串口协议

点击“Submit”按键,进入“Reset”对话框,点击“Reset”按键,设置成功。设置串口工作模式,如图 17.10 所示。

控制室检测箱串口在网络中以 UDP 协议发送和接收数据。对应的 IP 地址:172.18.15.80; 端口:4003。

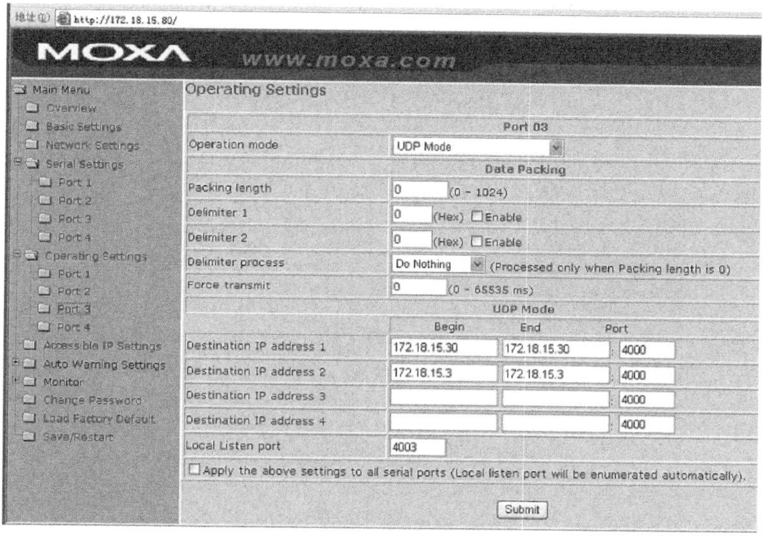

地址(D) http://172.18.15.80/

MOXA www.moxa.com

Main Menu
Overview
Basic Settings
Network Settings
Serial Settings
Port 1
Port 2
Port 3
Port 4
Operating Settings
Port 1
Port 2
Port 3
Port 4
Accessible IP Settings
Auto Warning Settings
Monitor
Change Password
Load Factory Default
Save/Restart

Operating Settings

Port 03			
Operation mode	UDP Mode		
Data Packing			
Packing length	0 (0 - 1024)		
Delimiter 1	0 (Hex) ☐Enable		
Delimiter 2	0 (Hex) ☐Enable		
Delimiter process	Do Nothing (Processed only when Packing length is 0)		
Force transmit	0 (0 - 65535 ms)		
UDP Mode			
	Begin	End	Port
Destination IP address 1	172.18.15.30	172.18.15.30	4000
Destination IP address 2	172.18.15.3	172.18.15.3	4000
Destination IP address 3			4000
Destination IP address 4			4000
Local Listen port	4003		

☐Apply the above settings to all serial ports (Local listen port will be enumerated automatically).

Submit

图 17.10　设置控制室检测箱串口工作模式

该端口数据和方舱工作室计算机通信(IP 地址:172.18.15.30;端口:4000)。

该端口数据和远端计算机通信(IP 地址:172.18.15.3;端口:4000)。

4)设置地面气象仪串口协议及工作模式

打开网页浏览器,在网址输入处输入:http://172.18.15.170,按回车键,进入串口服务器设置程序,如图 17.11 所示。

点击“Submit”按键,进入“Reset”对话框,点击“Reset”按键,设置成功。设置串口工作模式,如图 17.12 所示。

地面气象仪串口在网络中以 UDP 协议发送和接收数据。对应的 IP 地址:172.18.15.170; 端口:4001。

该端口数据和方舱工作室计算机通信(IP 地址:

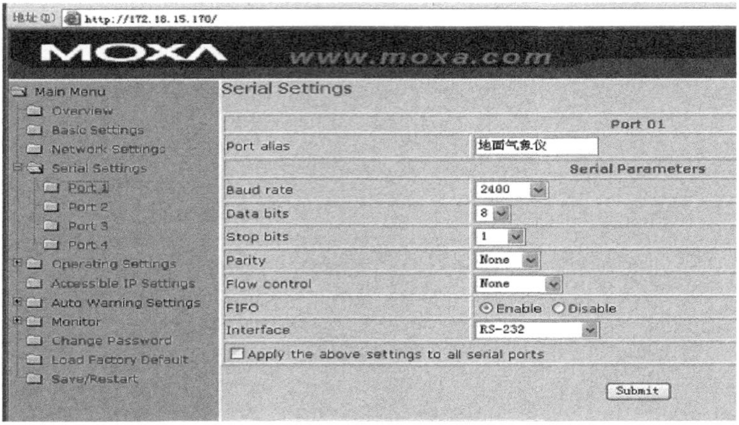

图 17.11　设置地面气象仪串口协议

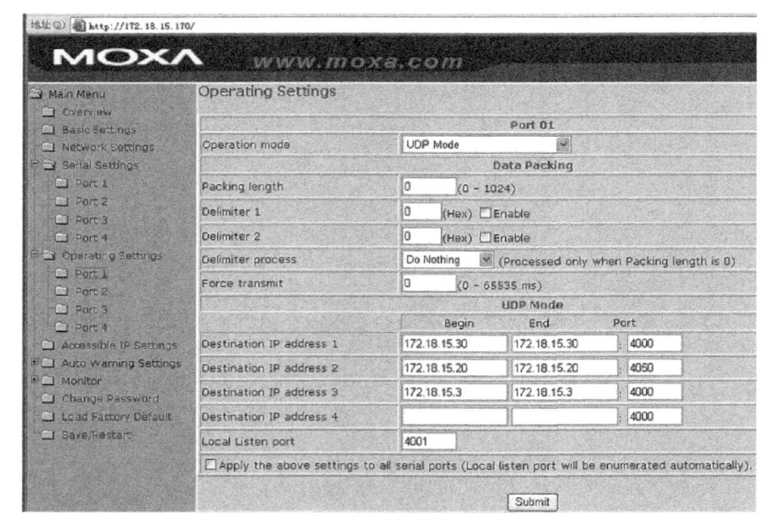

图 17.12　设置地面气象仪串口工作模式

172.18.15.30；端口:4000)。

该端口数据和远端计算机通信(IP 地址:172.18.15.3；端口:4000)。

17.2　软件使用

“终端数据接收软件”主要用于放球过程中控制监测设备状态、输入地面各种参数、接收并初步整理各种数据，存储探测数据文件。

17.2.1　启动软件

操作员可直接在桌面上用鼠标左键双击“终端数据接收软件”图标，即可运行“终端数据接收软件”。

17.2.2　画面的组成

“终端数据接收软件”运行后，将在显示器的屏幕上显示一个用于方便完成各种高空气象探测任务的主画面如图 17.13 所示。主画面分为三大部分：顶部为系统菜单；左边为状态监视、控制区；右边为探空数据显示和处理区。

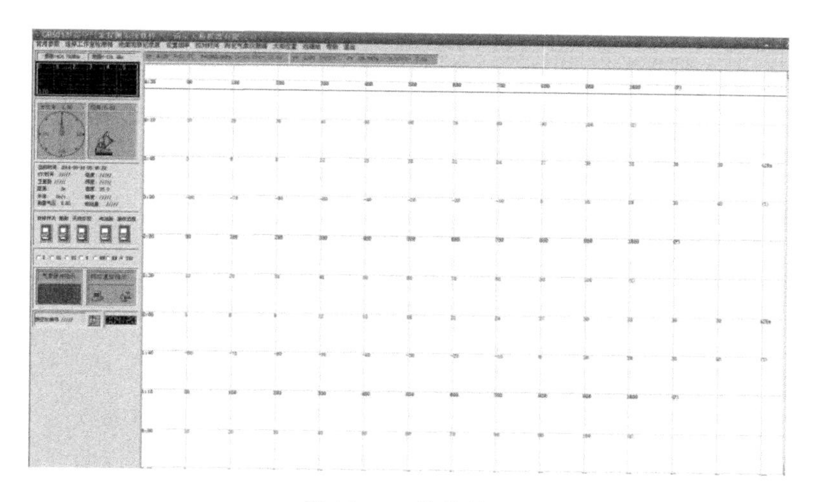

图 17.13　软件界面

(1)菜单显示

系统菜单有“常用参数”“选择工作检测箱”“地面观测记录表”“设置频率”“校对时间”“浏览气象仪数据”“太阳位置”“帮助”和“退出”等菜单项。如图 17.14 所示。

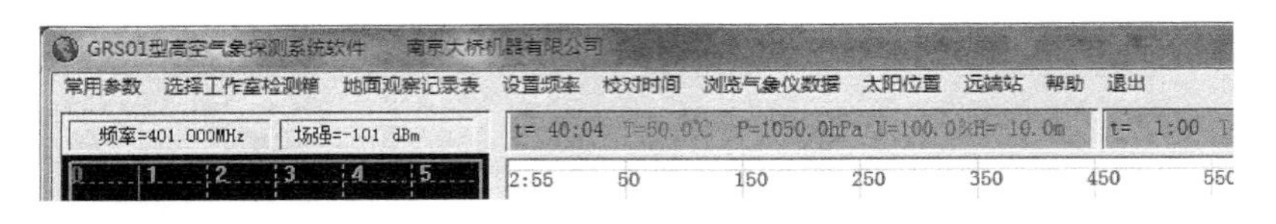

图 17.14　主界面菜单

1)“常用参数”菜单

可以设置本站常用参数,并保存,不必每次都要重新输入,方便操作。

2)“选择工作室检测箱”

点击“选择工作室检测箱”菜单项,弹出如图 17.15 所示对话框,按“确定”键,可以通过工作室检测箱对探空仪进行基测。

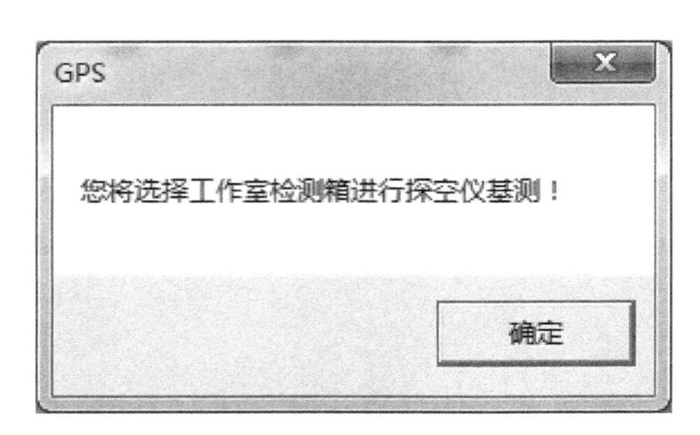

图 17.15　选择工作室检测箱

3)“地面观测记录表”菜单

按下“地面观测记录表”菜单时，会弹出一个对话框，可输入此次放球时的各种地面参数，可进行基测、瞬间值的输入。

4)“设置频率”菜单

使用“设置频率”菜单时，进行系统工作频率设置，如图 17.16 所示。

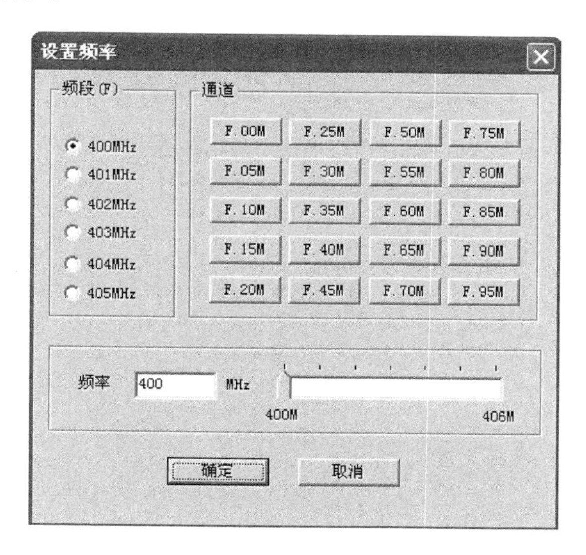

图 17.16 频率设置

5)“校对时间”菜单

放球前，应根据 GPS 提供的时间，校对计算机的时间。

6)“浏览气象仪数据”菜单

放球前，检查气象仪和控制室检测箱数据。如图 17.17 所示。

7)“太阳位置”菜单

提供每秒钟太阳方位角和仰角数据，方便标定天线方

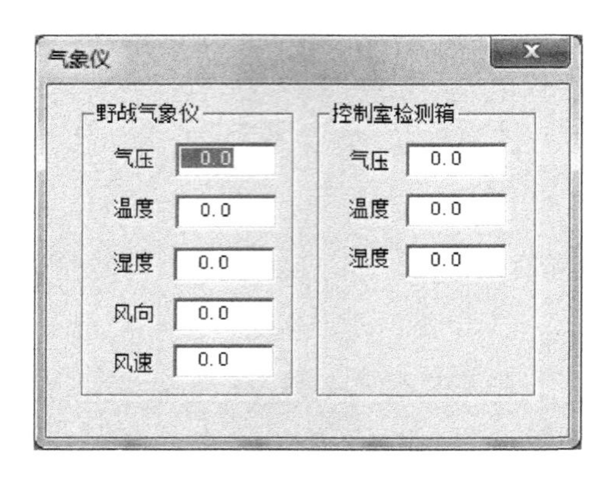

图 17.17 浏览气象仪数据

位。如图 17.18 所示。

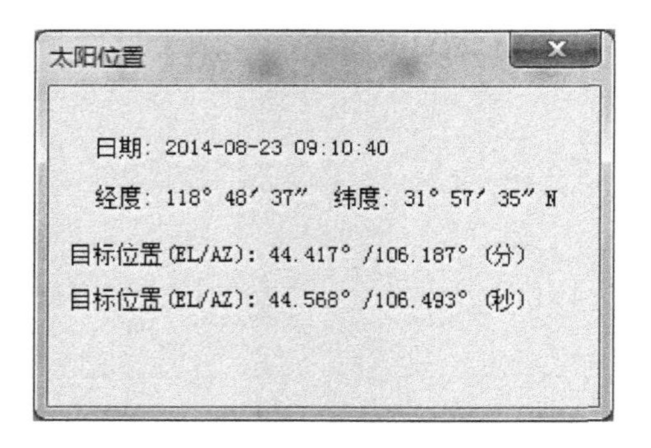

图 17.18 “太阳位置”

8)“帮助”菜单

按下“使用帮助”按钮时,显示联机帮助文件。

9)“退出”菜单

点击该菜单,退出执行程序。

(2)控制栏显示

1)探空仪工作频率及接收信号频谱显示

工作频率及接收信号频谱如图 17.19 所示。

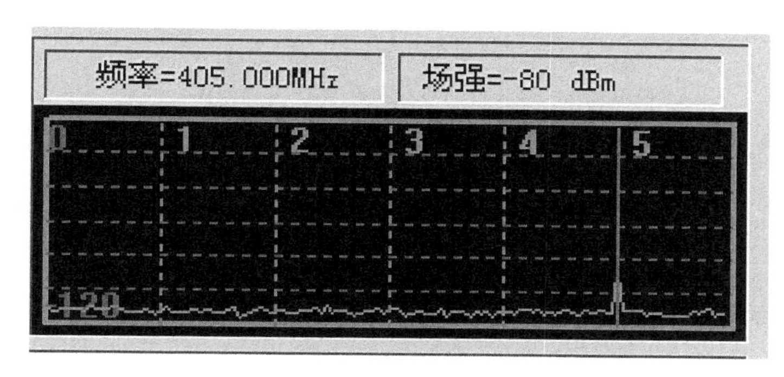

图 17.19 工作频率及接收信号频谱

2）方位角、仰角显示

如图 17.20 所示，方位角、仰角显示区以数字或指针形式显示天线所指的实时方位角、仰角数据。

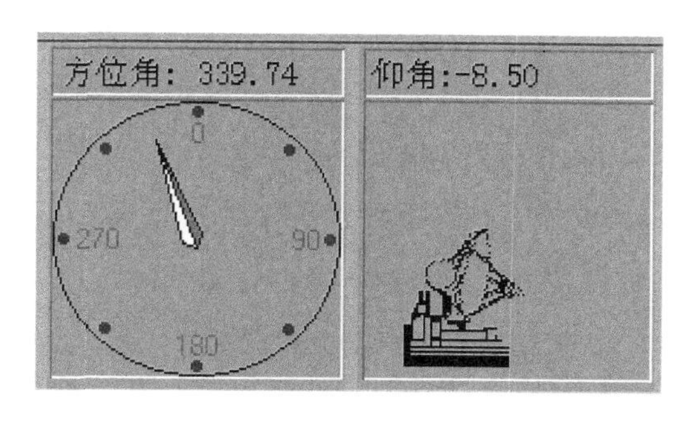

图 17.20 方位角和仰角

3）GPS 信息显示

GPS 信息显示的控制面板如图 17.21 所示，主要用来显示 GPS 的信息。

UTC 时间：GPS 导航系统时间，单位是世界时；

经度：探空仪经度位置，单位是度分，东经为 E，西经

UTC时间:	01:14:48	经度:	118 48.6709 E
卫星数:	07	纬度:	31 57.5787 N
距离:	48m	高度:	23.0
升速:	0m/s	精度:	1.1
测量气压:	1012.41	电池量:	4.3

图 17.21 GPS 信息显示

为 W；

纬度：探空仪纬度位置，单位是度分，北纬为 N，南纬为 S；

卫星数：探空仪上 GPS 模块接收到卫星数；

距离：探空仪此刻离天线的距离，单位是 m；

高度：探空仪离地面的高度，单位是 m；

精度：精度因子；

升速：施放气球的即时升速值，单位是 m/s；

测量气压：探空仪传感器实测气压值，单位是 hPa；

电池量：探空仪上电池电压值，单位是 V。

4)控制开关显示

如图 17.22 所示是控制开关画面。

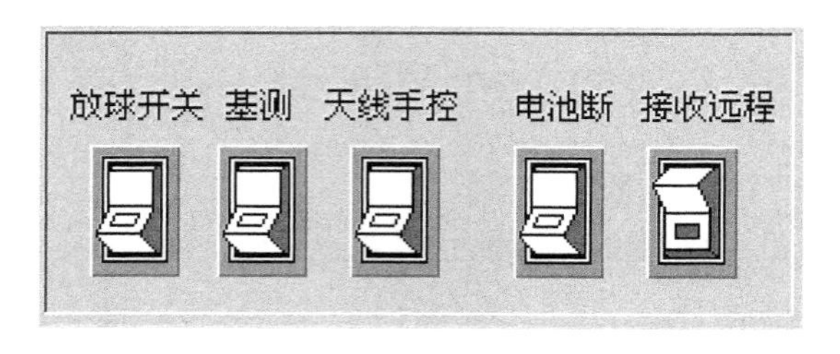

图 17.22 控制开关

依次为放球键、探空仪的基测键、天线手动/自动控制键、探空仪电源开关键、天线远程/近程控制键。

开关呈红色显示时为开启状态。

5)天线方向指示按钮

如图 17.23 所示是“天线方向指示”按钮。

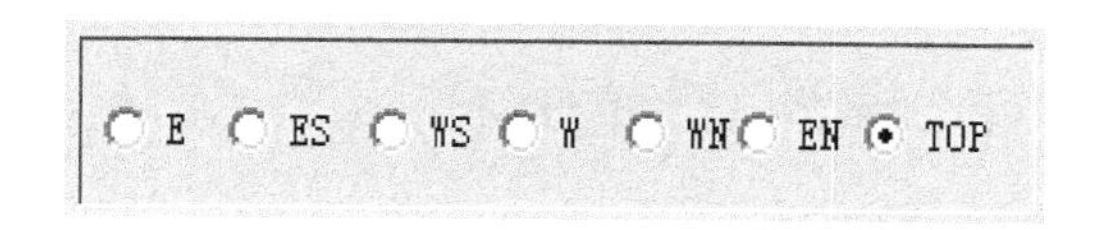

图 17.23　天线方向指示按钮

6)探空电码监测

探空脉冲监测功能用来帮助操作员判断气象译码是否正常。在正常探测过程中,会不断地向计算机发送所接收到的温、压、湿脉冲,这时如图 17.24 所示的电码脉冲将会不断地从右向左移动,反之,脉冲会停止移动。脉冲移动与否,指示探空仪发送信号是否正常。

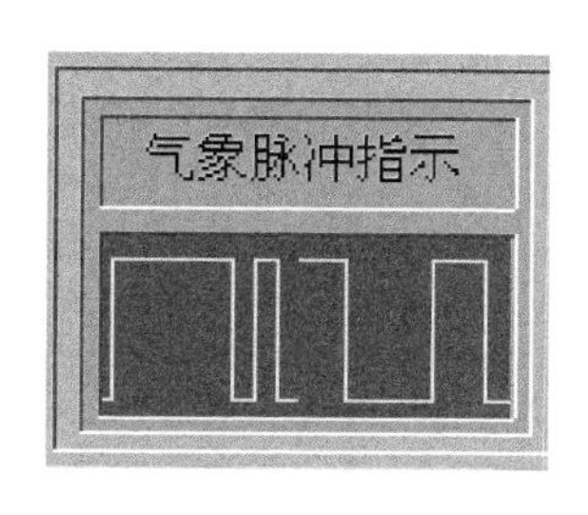

图 17.24　气象脉冲指示

7)计算机通信指示

计算机通信指示功能用来指示与计算机之间的通信状态,如图 17.25 所示。正常工作时,由于不断地有数据送往计算机,可以看到有蓝色箭头不断地从“接收设备”向“计算机”方向移动。如果没有不断移动的蓝色箭头,那么可以判断发生了故障。只有当计算机向接收机发送某指令时(例如发“放球指令”),才会有指令数据送往,可以看到红色箭头从“计算机”向“接收机”方向移动一次。操作员可根据“通信指示器”,判断设备(接收机、地面气象仪、工作室和控制室检测箱)和计算机之间的连接、传送工作是否正常。

图 17.25 网口通信指示

8) 探空仪序列号显示和确定探空仪序列号按钮

当接收到稳定的探空仪信号 25 秒后,自动确定探空仪序列号如图 17.26 所示。

图 17.26 确定探空仪序列号

如果人工确定探空仪序列号,用鼠标点击“确定探空仪序列号”按钮,弹出如图 17.27 所示的对话框。

当探空仪序列号确定以后,序列号按键改换为如图 17.28 的图样。

9)放球时间显示

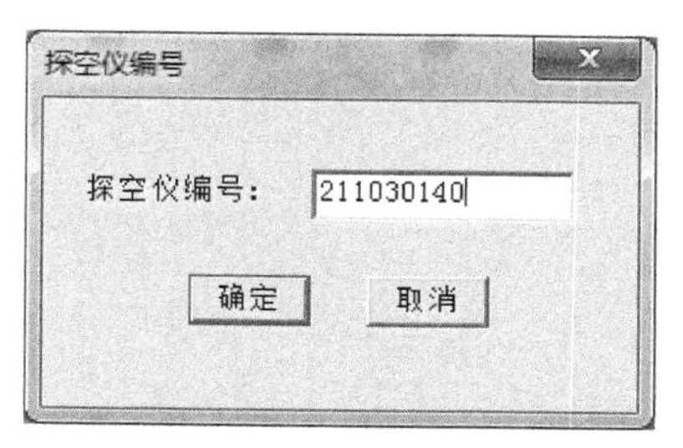

图 17.27　探空仪编号对话框

图 17.28　确定探空仪序列号

当按“放球键”后，放球时间复位，重新开始计时。如图 17.29 所示，单位是分:秒。

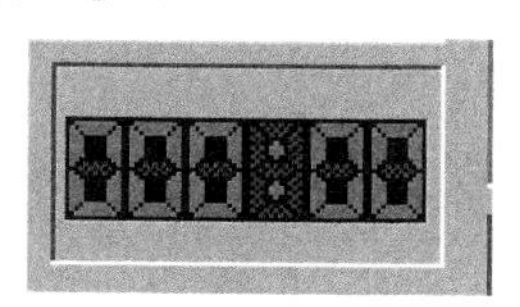

图 17.29　放球时间显示

10)操作提示

当鼠标在各个控制按钮上移动时，在鼠标下方会显示一个黄色小窗口，该窗口会显示该按钮的操作意义(如图 17.30 所示)。该功能可在“本站常用参数”中设定或取消。

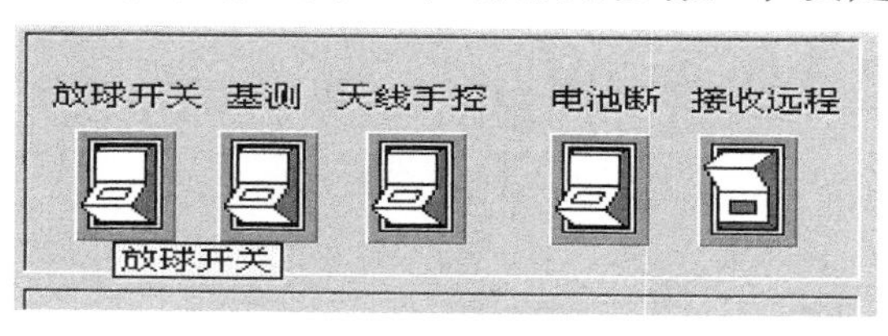

图 17.30　操作提示

(3)探空数据显示

在主画面的右侧,是探空数据显示区,如图 17.31 所示。

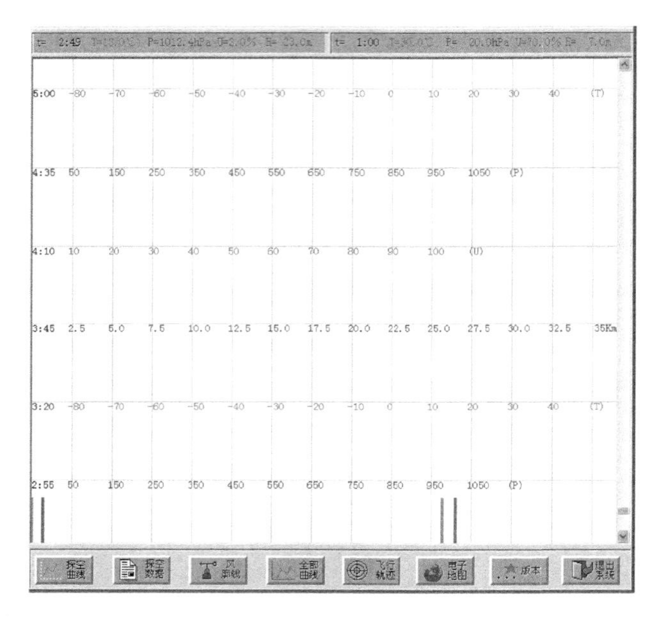

图 17.31　探空数据显示

1)上左状态栏和上右状态栏

上左状态栏,如图 17.32 所示:显示当前时刻下的温、压、湿探空数据;上右状态栏:是某一时刻的温、压、湿探空数据,鼠标指向某一时刻,此栏会显示此时刻探空数据。

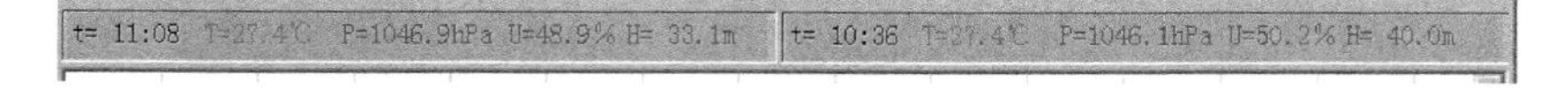

图 17.32　当前和历史数据显示

2)下控制栏

下面一排按钮(图 17.33)分别用于在数据图像显示区

中，控制显示不同的数据和图形；按顺序排列，分别为：“探空曲线”“探空数据”“风廓线”“全部曲线”“飞行轨迹”“电子地图” “版本”“退出系统”等按钮。

图 17.33　下控制栏

①“探空曲线”

按下“探空曲线”按钮时，显示区以曲线形式显示时间、温、压、湿探空数据，如图 17.34 所示。通常为监视、修改、删除探空点状态。在显示区中按鼠标右键，在弹出的对话框上，可选择多项操作功能。

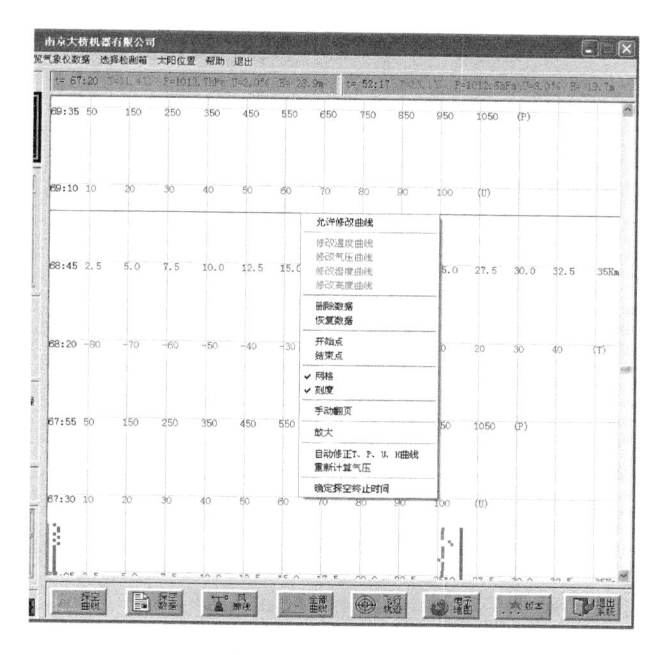

图 17.34　探空曲线

②“探空数据”

按下“探空数据”按钮时,显示区以列表框形式显示探空数据。如图 17.35 所示。

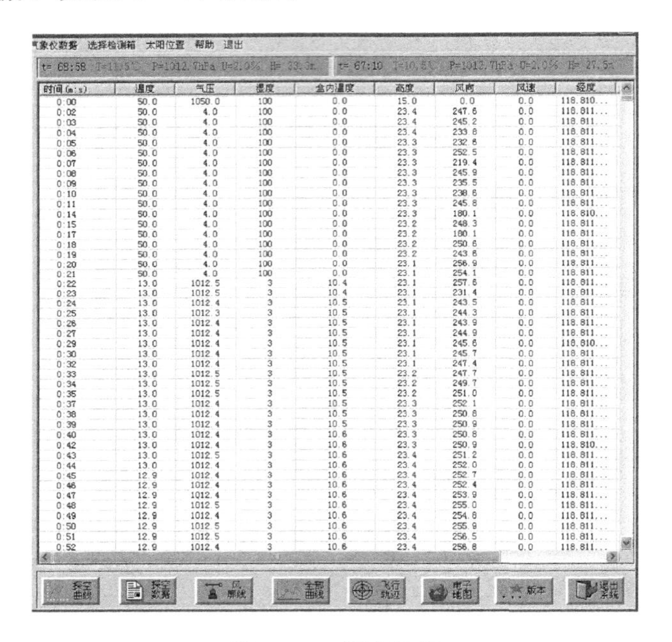

时间(m:s)	温度	气压	湿度	盒内温度	高度	风向	风速	经度
0:00	50.0	1050.0	100	0.0	15.0	0.0	0.0	118.810...
0:02	50.0	4.0	100	0.0	23.4	247.6	0.0	118.811...
0:03	50.0	4.0	100	0.0	23.4	245.2	0.0	118.811...
0:04	50.0	4.0	100	0.0	23.4	233.8	0.0	118.811...
0:05	50.0	4.0	100	0.0	23.3	232.8	0.0	118.811...
0:06	50.0	4.0	100	0.0	23.3	252.5	0.0	118.811...
0:07	50.0	4.0	100	0.0	23.3	219.4	0.0	118.811...
0:08	50.0	4.0	100	0.0	23.3	245.9	0.0	118.811...
0:09	50.0	4.0	100	0.0	23.3	235.5	0.0	118.811...
0:10	50.0	4.0	100	0.0	23.3	238.6	0.0	118.811...
0:11	50.0	4.0	100	0.0	23.3	245.8	0.0	118.811...
0:14	50.0	4.0	100	0.0	23.3	180.1	0.0	118.810...
0:15	50.0	4.0	100	0.0	23.2	248.3	0.0	118.811...
0:17	50.0	4.0	100	0.0	23.2	180.1	0.0	118.811...
0:18	50.0	4.0	100	0.0	23.2	250.6	0.0	118.811...
0:19	50.0	4.0	100	0.0	23.2	243.8	0.0	118.811...
0:20	50.0	4.0	100	0.0	23.1	256.9	0.0	118.811...
0:21	50.0	4.0	100	0.0	23.1	254.1	0.0	118.811...
0:22	13.0	1012.5	3	10.4	23.1	257.6	0.0	118.811...
0:23	13.0	1012.5	3	10.4	23.1	231.4	0.0	118.811...
0:24	13.0	1012.4	3	10.5	23.1	243.5	0.0	118.811...
0:25	13.0	1012.3	3	10.5	23.1	244.3	0.0	118.811...
0:26	13.0	1012.4	3	10.5	23.1	243.9	0.0	118.811...
0:27	13.0	1012.4	3	10.5	23.1	244.9	0.0	118.811...
0:29	13.0	1012.4	3	10.5	23.1	245.6	0.0	118.810...
0:30	13.0	1012.4	3	10.5	23.1	245.7	0.0	118.811...
0:32	13.0	1012.4	3	10.5	23.1	247.4	0.0	118.811...
0:33	13.0	1012.5	3	10.5	23.2	247.7	0.0	118.811...
0:34	13.0	1012.5	3	10.5	23.2	249.7	0.0	118.811...
0:35	13.0	1012.5	3	10.5	23.2	251.0	0.0	118.811...
0:37	13.0	1012.4	3	10.5	23.3	252.1	0.0	118.811...
0:38	13.0	1012.4	3	10.5	23.3	250.8	0.0	118.811...
0:39	13.0	1012.4	3	10.5	23.3	250.9	0.0	118.811...
0:40	13.0	1012.4	3	10.6	23.3	250.8	0.0	118.811...
0:42	13.0	1012.4	3	10.6	23.3	250.9	0.0	118.810...
0:43	13.0	1012.5	3	10.6	23.4	251.2	0.0	118.811...
0:44	13.0	1012.4	3	10.6	23.4	252.0	0.0	118.811...
0:45	12.9	1012.4	3	10.6	23.4	252.7	0.0	118.811...
0:46	12.9	1012.4	3	10.6	23.4	252.4	0.0	118.811...
0:47	12.9	1012.4	3	10.6	23.4	253.9	0.0	118.811...
0:48	12.9	1012.5	3	10.6	23.4	255.0	0.0	118.811...
0:49	12.9	1012.4	3	10.6	23.4	254.8	0.0	118.811...
0:50	12.9	1012.5	3	10.6	23.4	255.9	0.0	118.811...
0:51	12.9	1012.5	3	10.6	23.4	256.5	0.0	118.811...
0:52	12.9	1012.4	3	10.6	23.4	256.8	0.0	118.811...

图 17.35 探空数据

③“风廓线”

按下“风廓线”按钮时,以曲线的形式显示风向、风速廓线,如图 17.36 所示。

④“全程探空曲线”

按下“全程探空曲线”按钮时,显示时间、温、压、湿、气压高度曲线,如图 17.37 所示。方便监视、修改温度、气压、湿度数据,判断数据处理的正确性。

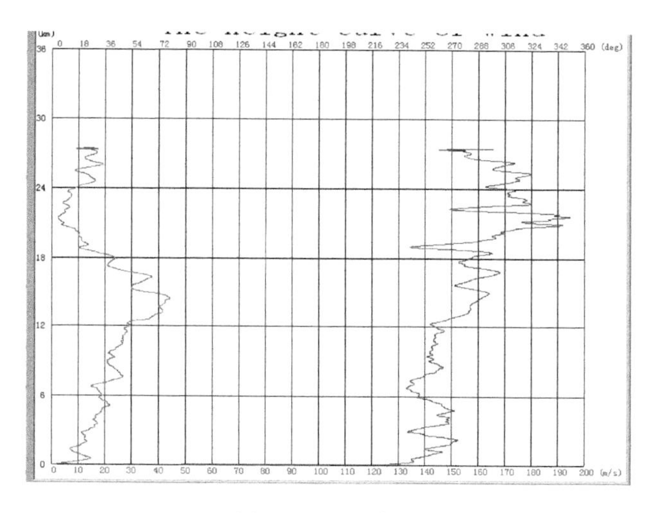

图 17.36　风廓线

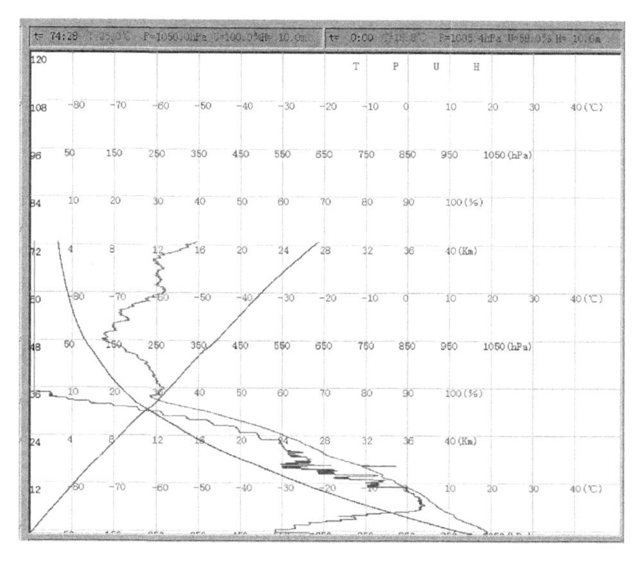

图 17.37　全程探空曲线

⑤“飞行轨迹”

如图 17.38 所示,按下“飞行轨迹”按钮时,显示的是气球飞行轨迹的水平投影。显示区中按鼠标右键,在弹出的对话框可选择“放大”“缩小”功能。在显示区移动鼠标,可动态指示方位和距离数据。

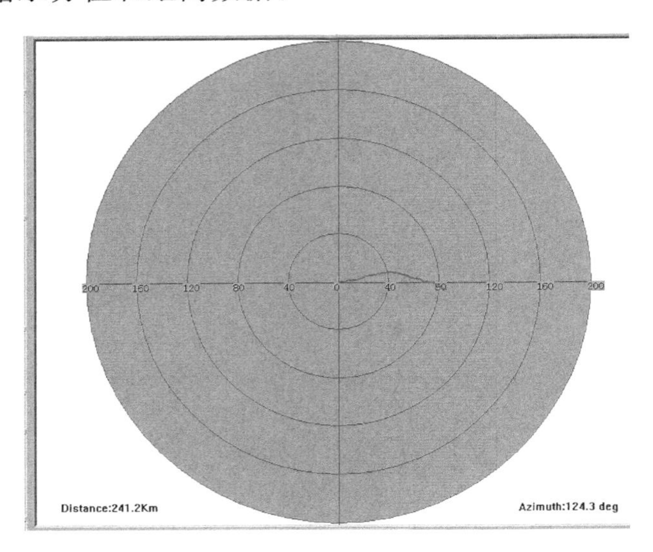

图 17.38　飞行轨迹

⑥“电子地图”

按下“电子地图”时,显示的是电子地图,如图 17.39 所示。

⑦“退出”

按下“退出”按钮时,退出“自动探空系统终端数据接收软件”。

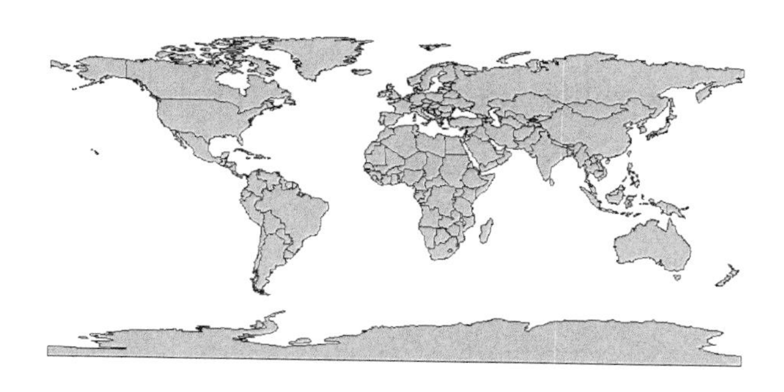

图 17.39　电子地图

17.2.3　操作步骤

(1)启动系统

操作员可先用鼠标单击“开始”按钮，从程序菜单中选择“自动探空系统终端数据接收软件(即 GRS01 型高空气象探测系统软件)”项，然后再单击。或直接在桌面上用鼠标左键双击“GPS”快捷方式图标，即可运行系统软件。出现如图 17.40 所示界面。

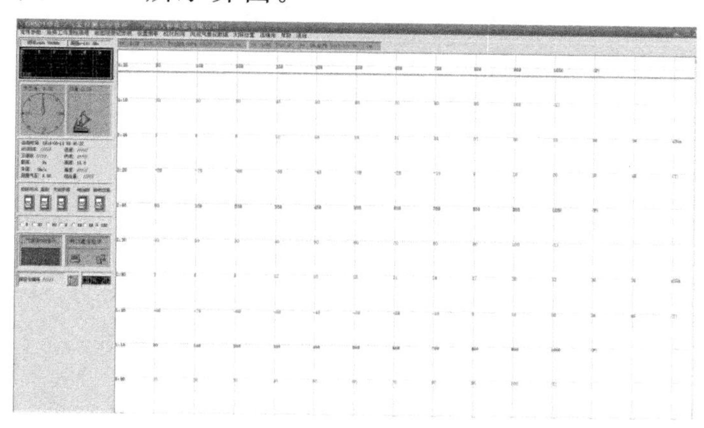

图 17.40　启动系统

(2)设置本站常用参数

在完成架设后,正式投入业务使用之前,需要将台站常量参数输入到计算机内保存。这些常量参数包括台站名称、海拔高度、区站号、经度、纬度等。台站常量参数的设置正确与否,直接影响着探测数据处理的正确性,需认真仔细选择、填写。“参数”只需在第一次运行软件时输入一次,以后日常工作中,注意及时修改发生变动的“参数”项,并经常检查其正确性。

设置参数有密码保护(第一次安装时的默认密码为123456),只有取得授权的人员才能设置、修改。设置方法是:运行“自动探空系统终端数据接收软件”,点击“常用参数”按键,在弹出的对话框(如图17.41)中输入密码后,将会弹出对话框,该对话框是一个以功能划分的含多个属性页的对话框。这些属性包括“台站参数”“网络配置”“操作配置”三项内容,下面分别加以叙述。

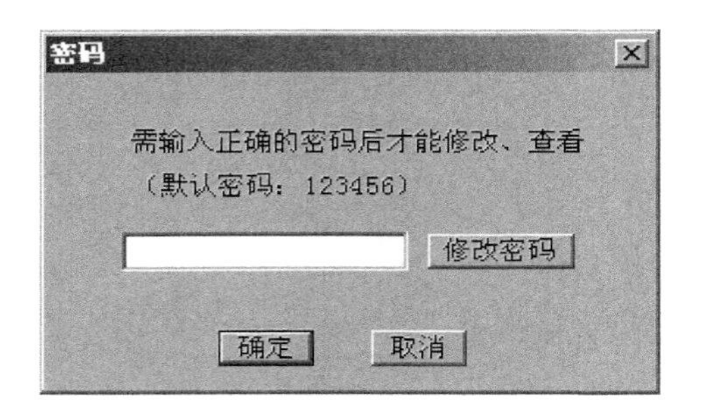

图17.41 密码对话框

1)台站参数

测站参数页的显示内容及每行内容的填写方法如图17.42所示。

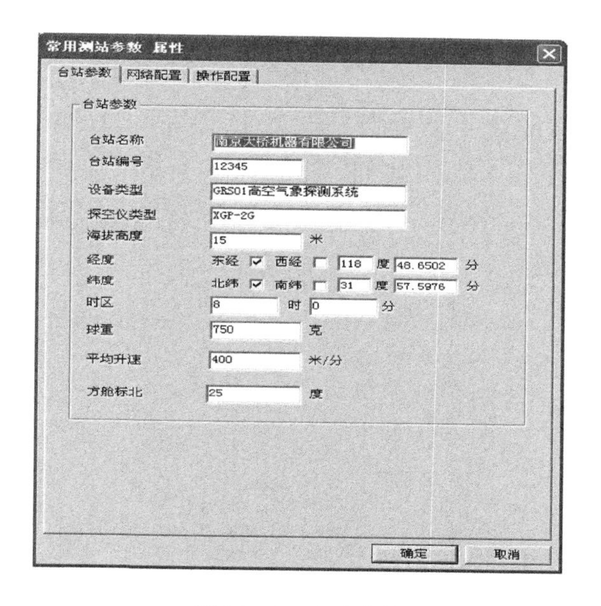

图 17.42　台站参数

●台站名称：填写气象台站名称；

●台站编号：每个台站的唯一编号，由五个字符组成，每天探测所产生的文件名也将使用到该参数；

●设备类型：填写该设备的型号名（如自动探空系统）；

●探空仪类型：填写配套使用的探空仪型号；

●海拔高度：测站海拔高度，以米（m）为单位填写；

●经度：所在地的经度，以度、分（分后面保留小数点后四位）为单位填写；区分东经、西经；

●北纬：所在地的纬度，以度、分（分后面保留小数点后四位）为单位填写；区分北纬、南纬；

●时区：本地时区；

●球重：施放探空气球的球皮重量，以克（g）为单位填写；

●平均升速:施放探空气球的平均升速,单位为米/分钟(m/min)。

2)网络配置

根据“4.5 Nport 系列 MoXA 串口服务器配置”章节内容,网络配置页的显示内容及每行内容的填写和选择方法如图 17.43 所示。

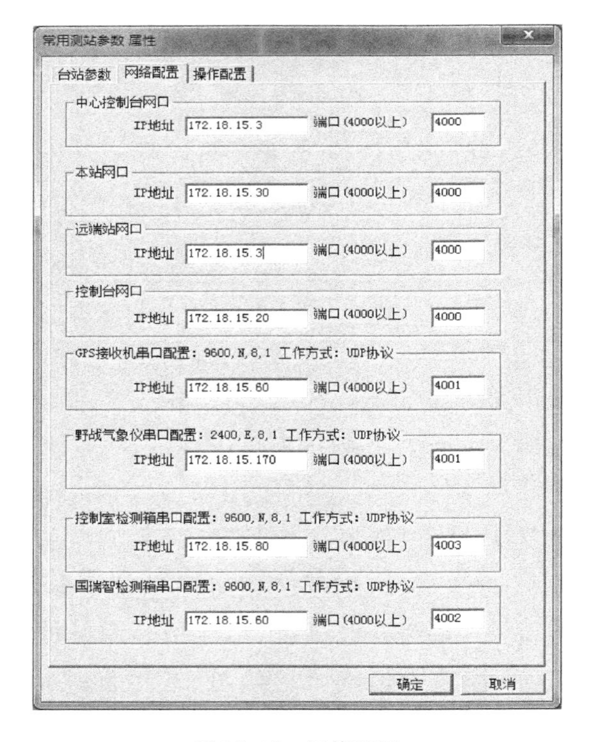

图 17.43　网络配置

3)操作配置

操作配置页的显示内容如图 17.44 所示。

服务器路径:当放在中心站使用时,可以将远端站\\

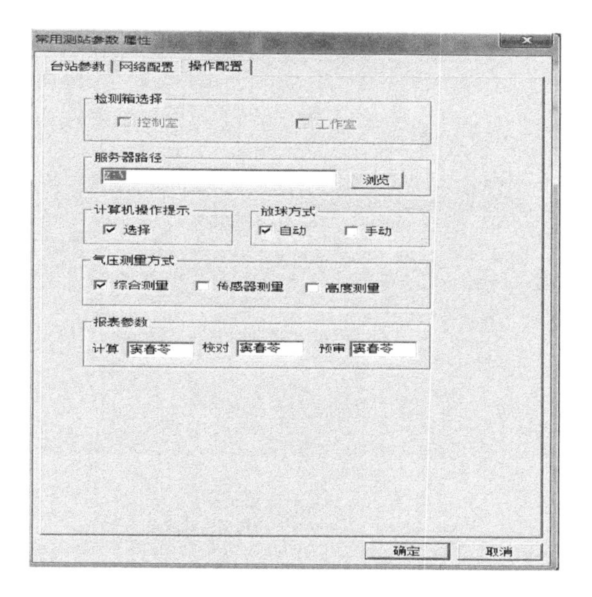

图 17.44　操作配置

GPS\\Para\\文件夹下的基测文件通过网络自动拷贝到中心站\\GPS\\Para\\文件夹下。

计算机操作提示：选择与否可决定软件运行中，当鼠标移至某个按键时，是否显示解释该按键操作意义的提示窗口。

气压测量方式分为综合测量、传感器测量和高度测量方式：

综合测量：探空仪在高度 3000 m 以下时，气压采用测量传感器值；在高度超过 3000 m 以上时，采用高度计算值。

传感器测量：气压数据采用传感器测量数据。

高度计算：气压数据采用 GPS 高度通过计算得到。

(3)修改密码

密码的修改方法如下:输入已知的旧密码,然后按“修改密码”按键,在弹出如图 17.45 所示的对话框中输入新的密码和确认新密码后,按“确定”键,新的密码即可生效使用。

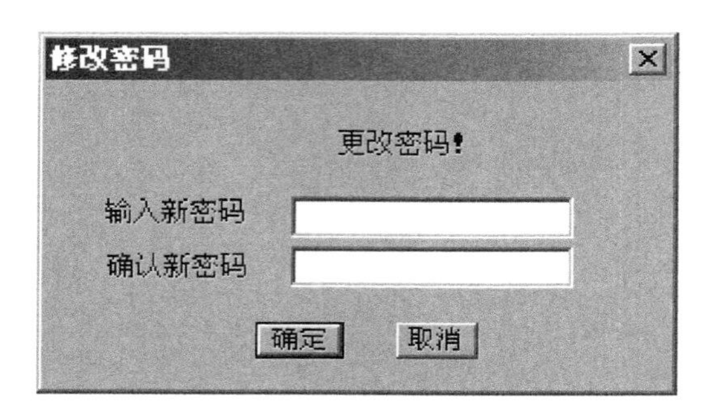

图 17.45　修改密码

(4)设置系统工作频率

将准备施放的探空仪与检测箱连接通电,在接收机进入接收数据状态下,可以进行系统工作频率的设置。点击设置频率菜单,弹出如图 17.46 所示对话框。

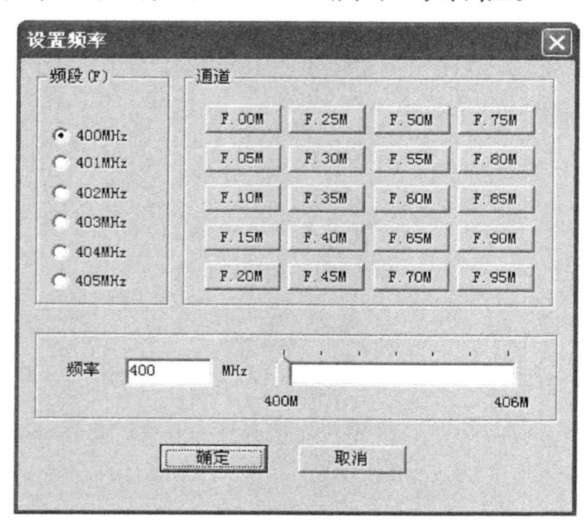

图 17.46　频率设置对话框

点击设置键，执行频率设置操作。

(5)确定探空仪序列号

每次放球前，首先应该保证工厂提供的探空仪光盘参数文件已经拷贝到\GPS\para 文件夹中。

将准备施放的探空仪通电，待接收的探空仪序列号稳定 20 秒后，自动调入探空仪检定证参数文件。如果在调入探空仪的参数文件时，软件未找到该探空仪的参数文件，则会提示找不到该序列号探空仪的参数文件(图 17.47)。

图 17.47　序列号未找到

(6)检测探空仪

在主菜单中点击“选择工作室检测箱”。

准备好施放的探空仪。

开启探空仪通用检测箱，小心将探空仪的温度、湿度传感器柔性支架伸入检测箱测试室中，点击“基测开关”。

稳定时间 3 分钟，用鼠标点击“地面参数”菜单，出现如图 17.48 所示对话框。

点击“基测记录”表项，弹出基测记录表，如图 17.49 所示。

探空仪示值和检测箱的标准值进行比较，如果气压差小于 2 hPa，温度差小于 0.4℃，相对湿度差小于 5%，探空

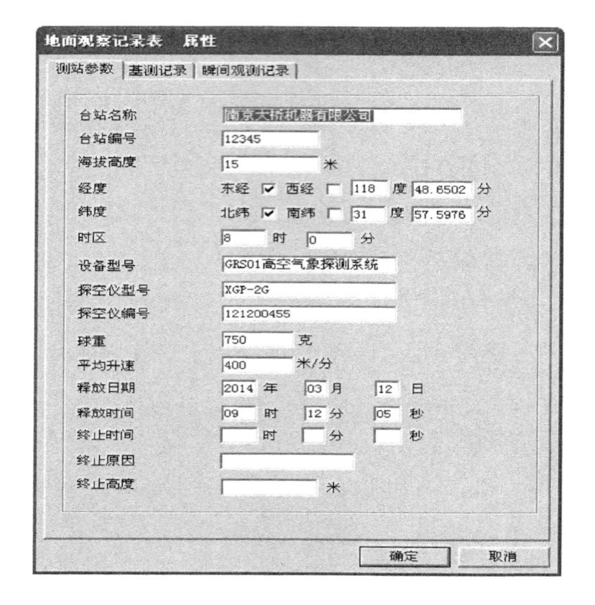

图 17.48　地面参数

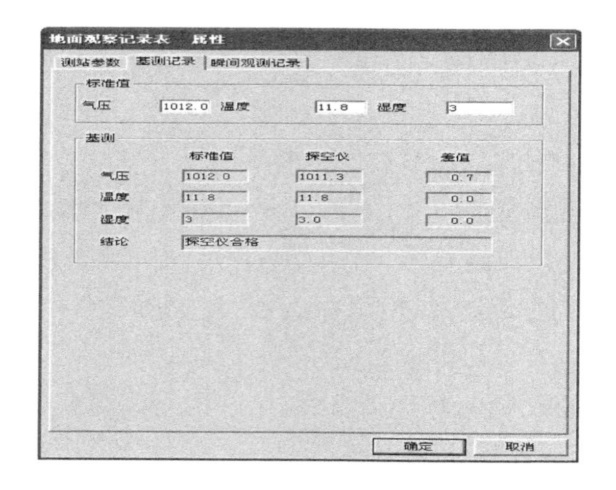

图 17.49　基测记录表

仪输出“合格”结论。如果探空仪合格，按“确定”键返回主界面；如果探空仪不合格，更换探空仪，重复上面的操作。再次点击“基测开关”，关闭“基测开关”。

(7)测站参数和瞬间观测值的输入

该步骤由计算机自动完成，如图 17.50 所示。

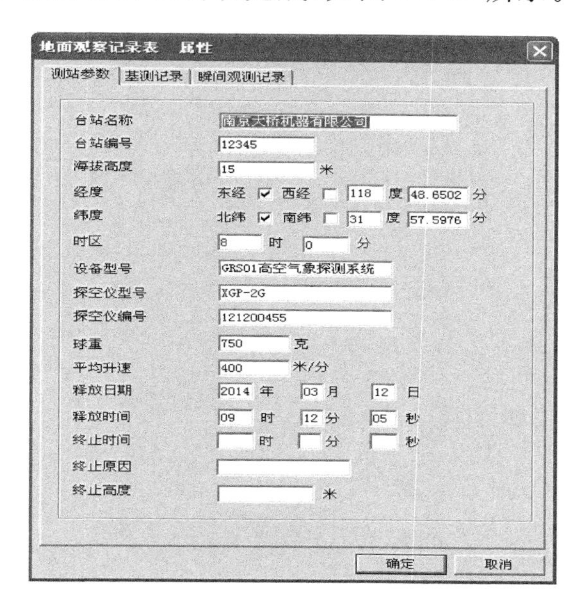

图 17.50　地面记录表属性

“测站参数记录表”页中，所有参数由计算机根据“本站常用参数”自动生成 。

地面瞬间气象数据由地面标准仪器获得。

在“瞬时观察记录表”页中，如图 17.51 所示，需要输入一位小数的气压、温度、相对湿度和风向、风速；记录云量、云高、云状、天气现象、能见度、计算者、校对者、预审者等项内容。

能见度保留一位小数输入(km)。计算者、校对者、预审者由计算机自动输入。

“云量”必须填写，输入范围值为0～10，晴空天气条件下，填写0；云布满天，填写10。

地面气压、地面温度、地面湿度、地面风向和地面风速也可以由地面气象仪自动获取。

如果手动放球，必须人工输入温度、气压、湿度、地面风向、地面风速等参数。

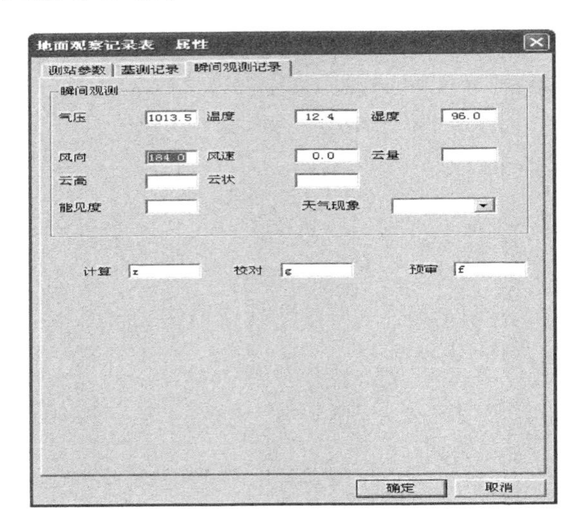

图 17.51　瞬间观测

(8)放球

1)开始放球

施放球的一切准备工作就绪后，进入放球步骤。

“放球”指令由平台给出。“终端数据接收软件”接收到“放球”指令后，放球开关呈现“开”状态，放球时间复位。

球放出以后，就可利用“终端数据接收软件”提供的各种功能进行监视及数据的录取、处理。

2)数据自动备份

在放球过程中，“终端数据接收软件”设有自动备份数据功能，每间隔 1 分钟，数据存盘 1 次。

3)确定探空测风终止时间

气球爆炸后，“终端数据接收软件”根据 GPS 给出的高程数据自动确定探空测风终止时间，并自动退出。

第四部分　自动探空系统维护维修

18　系统日常检查维护

为了更好地发挥自动探空系统的性能，使自动探空系统处于良好状态，必须按照相关要求对设备进行周期的、系统的维护。自动探空系统定期维护主要包括旬维护和季维护两种。

18.1　旬维护项目

18.1.1　耗材补充

补充探空仪、球皮、氢气。

18.1.2　舱室环境检查

检查工作舱、氢气舱内是否整洁卫生，无杂物。

18.1.3　系统设备检查

(1)检查顶盖开启、关闭、转动、复位是否正常，是否有异常响声；

(2)检查分度转盘工作是否正常，是否有异常响声；

(3)每100小时工作时间给伺服控制系统回转支承加注一次润滑油脂。

18.1.4　辅助设施检查

（1）对自动探空系统氢气管路进行气密性检查；

（2）检查 UPS 电源面板输入电压、输出电压、输入电流、输出电流、输出频率、输入频率是否正常；

（3）检查 IP 电话语音功能是否正常；

（4）检查备份通信网络设备能否正常；

（5）检查各系统工作时间与标准北京时间是否保持一致。

18.1.5　工作环境检查

检查工作室、控制室、氢气舱温度、湿度是否正常。

18.2　季维护项目

18.2.1　自动探空系统设备

（1）空气压缩机

①排放冷凝水，防止冷凝水侵入；

②清洗预过滤器，防止空气中粉尘侵入；

③给油雾器注油；

④检查空压机有否异常声音和异常发热，润滑油位是否正常。

（2）气动控制箱及管道

①检查压力控制阀是否正常；

②检查软管接头是否漏气、软管是否破裂；

③排放油雾分离器储水杯中积存的冷凝水。

（3）气缸

①检查气缸活塞杆与端面之间是否漏气；

②检查管接头、配管是否划伤、损坏;

③检查气缸动作时有无异常声音。

(4)探空仪加载伸缩机构

检查装载盒基座下的电气连接插座是否接触可靠。

(5)充气施放装置

①检查充气、施放气缸动作行程是否正常;

②检查充气、施放气缸位置传感器是否正常;

③检查紧固螺栓及管接头是否松动。

(6)伺服控制系统

①检查连接电缆是否老化破损、接头松动;

②检查电机是否正常运转、有无异常振动;

③检查顶盖位置传感器检测归零是否正常。

(7)液压控制系统

①检查液压泵站油箱油位是否在中心线以上;

②检查液压缸是否有外漏现象;

③检查管路密封情况。

18.2.2 软件系统

(1)对计算机内冗余的垃圾文件进行处理;

(2)对计算机硬盘进行碎片整理;

(3)对计算机进行病毒检查。

18.2.3 辅助设备

(1)对 UPS 进行充放电维护;

(2)对油机燃料进行储备及运行检查;

(3)清洗排风扇的灰尘,拆洗空调滤尘网。

19　系统常见故障

19.1　自动放球系统故障

自动放球系统出现故障时，首先检查自动探空系统终端控制软件的运行及系统自检功能是否正常、是否解除“紧急停止”，再根据表19.1进行检查及排除故障。

表19.1　自动放球系统故障处理表

故障现象	可能原因	解决方法
转台不转动	空压机故障或输出压力低于0.6 MPa	维修空气压缩机
	过滤减压组合或集成控制阀故障	更换故障单元
	气体输送管路漏气	查找漏气点并更换
	驱动转台气缸故障	更换故障气缸
顶盖不能转动	地面测风仪故障(或无风速数据显示)	更换故障测风仪
	伺服驱动器或伺服电机故障	更换故障单元
	伺服驱动器控制板故障	更换故障控制板
	自动绕线装置电缆磨损或断开	更换故障电缆
顶盖不能开启	液压泵站故障或油箱缺油	更换故障单元或加油
	液压油缸故障	更换故障液压油缸
	液压管漏油	查找漏油点并更换
探空仪不能加电激活	加电装置接触不良或断线	重新插拔加电插头座
加载伸缩臂不工作	伸缩加载气缸故障	更换故障气缸
电动窗不能动作	电动窗限位开关故障	更换限位开关
	电动窗驱动电机故障	更换故障电动机
不能充气或充气不停	充气气缸故障	更换故障气缸
	充气电磁阀故障	更换相关故障电磁阀
	质量流量计故障	更换故障质量流量计
	氢气输送管路堵塞	查找堵塞点并更换

续表

故障现象	可能原因	解决方法
不能施放探空仪	施放气缸故障	更换故障气缸
顶盖不能复位	氢气泄漏超标	查找漏气点并更换
	顶盖位置检测传感器故障	更换故障传感器

19.2 探空接收机故障

探空接收机故障时,首先检查探空接收机与终端数据接收软件运行是否正常、探空仪与探空接收机工作频率设置是否一致,再根据表19.2和表19.3进行检查及排除故障。

表19.2 探空仪装载基测不合格故障处理表

故障现象	可能原因	解决方法
探空仪装载基测不合格	探空仪检定证未安装拷贝	安装拷贝探空仪检定证
	软件“检测箱”设置为控制室	“检测箱”选择为工作室
	已有别的探空仪加电工作	关闭已加电探空仪
	探空仪自身故障	更换另一探空仪
	探空仪的检测箱故障	维修工作室检测箱

表19.3 探空系统故障处理表

故障现象	可能原因	解决方法
探空仪检测不通过	软件“检测箱”设置为工作室	“检测箱”选择为控制室
	控制室标准TU检测仪故障	检测更换故障TU检测仪
	探空仪加电不成功	断电后重新加电
	探空仪工作频率不正确	重新设置探空仪工作频率
	探空仪故障	更换下一个探空仪
无地面气象数据	地面气象仪电源未接通	接通地面气象仪电源
	地面气象仪串口电缆松脱	检查连接好串口电缆
	地面气象仪采集器或传感器损坏	更换故障单元
	软件串口设置不正确	重新设置串口参数

续表

故障现象	可能原因	解决方法
探空接收机场强小或无显示	探空接收机故障	重启探空接收机或更换
	天线装置故障	维修检查或更换天线装置
	馈线连接电缆松脱	维修检查连接电缆
	工作频率设置不正确	重新设置探空系统工作频率
	软件串口设置不正确	重新设置串口参数
无探空码或探空数据异常	探空仪传感器损坏	重放下一个探空仪
	探空气球及探空仪未升空	重放下一个探空仪
	软件或接收机死机	重启软件或接收机

19.3　气体储存与输送系统故障

气体储存与输送系统出现故障时，首先必须关闭气源阀门，并排空管道内余气，再根据表 19.4 进行检查及排除故障。

表 19.4　气体储存与输送系统故障处理表

故障现象	可能原因	解决方法
钢瓶集装置漏气	密封件老化	更换故障钢瓶
管路有氢气泄漏	管道松动、密封件老化	查找漏气点并更换故障单元
减压阀指示错误	减压阀故障	更换故障减压阀
汇流集电磁阀不工作	电磁阀故障	更换故障电磁阀
管路无压力显示	压力传感器故障	更换故障压力传感器
	气源阀门未打开	打开气源阀门
不能充气或充气不能停止	管道内积水，温度低于零度时结冰	清除积冰并保障气源干燥
	质量流量计故障	更换并校准质量流量计
	放球筒内电磁阀不能打开	更换球筒电磁阀
	氢气泄漏超标	查找漏气点并更换故障单元
	自动探空系统终端控制软件死机	重启自动探空系统终端控制软件

19.4 监控与通信系统故障

监控与通信系统故障主要表现有:无视频监控图像、电话通信故障、环境监控装置故障等。出现故障时,首先检查无线网桥及网络通信是否正常,再根据表 19.5 进行检查及排除故障。

表 19.5 监控、通信系统故障处理表

故障现象	可能原因	解决方法
无图像显示或某一路图像显示异常	摄像机故障	维修更换故障摄像机
	硬盘录像机或视频解码器硬件故障	维修更换故障单元
	硬盘录像机或视频解码器设置错误	重新正确设置参数
	图像显示器连接电缆松脱	重新连接显示器电缆
IP 电话不通	IP 电话交换机或 IP 电话机故障	更换故障单元
	软件参数设置不正确	正确设置 IP 的参数
温湿度监测数据不正确	温湿度传感器故障	更换故障传感器
浸水传感器误报警	浸水传感器故障	更换故障传感器
烟雾传感器故障	烟雾传感器故障	更换故障传感器
对射光栅传感器	对射光栅故障	更换检查对射光栅

参考文献

李伟,李柏,陈永清,等,2012. 常规高空气象观测业务手册[M]. 北京:气象出版社.

中国气象局,2017. 综合气象观测业务发展规划(2016—2020年):气发〔2017〕10号[Z].

中国气象局综合观测司,2011. 全自动探空系统试验评估大纲. 气测函〔2011〕168号[Z].

中国气象局综合观测司,2014. 自动探空系统建设指南(试行):气测函〔2014〕54号[Z].

中国气象局综合观测司,2014. 自动探空系统建设实施方案(西藏地区2014年):气测函〔2014〕63号[Z].

中国气象局综合观测司,2014. 自动探空系统出厂测试大纲(试行):气测函〔2014〕89号[Z].

中国气象局综合观测司,2014. 自动探空系统业务操作手册(试行):气测函〔2014〕97号[Z].

中国气象局综合观测司,2014. 气象观测专用技术装备出厂验收测试规定(试行):气测函〔2014〕156号[Z].

中国气象局综合观测司,2014. 观测司关于印发自动探空系统维护维修记录表簿(试行)的通知:气测函〔2014〕157号[Z].

中国气象局综合观测司,2015. 观测司关于印发西藏自动探空系统测试运行评估工作及实施方案的通知:气测函〔2015〕76号[Z].

中国气象局综合观测司,2017. 实施"观测智能化发展行动计划"工作方案:气测函〔2017〕68号.

附录A　自动探空系统旬维护记录表

台站名称________________________

<table>
<tr><th colspan="2">维护项目</th><th>维护内容</th><th>维护结果</th></tr>
<tr><td colspan="2" rowspan="3">探空耗材补充</td><td>补充探空仪</td><td>(完成√ 未完成×)</td></tr>
<tr><td>补充气球</td><td>(完成√ 未完成×)</td></tr>
<tr><td>补充氢气</td><td>(完成√ 未完成×)</td></tr>
<tr><td colspan="2" rowspan="2">舱室环境检查</td><td>工作舱舱内整洁卫生,无杂物</td><td>(完成√ 未完成×)</td></tr>
<tr><td>氢气舱舱内整洁卫生,无杂物</td><td>(完成√ 未完成×)</td></tr>
<tr><td colspan="2" rowspan="3">系统设备检查</td><td>检查顶盖开启、关闭、转动、复位是否正常,是否有异常响声</td><td>(完成√ 未完成×)</td></tr>
<tr><td>检查分度转盘工作是否正常,是否有异常响声</td><td>(完成√ 未完成×)</td></tr>
<tr><td>每100小时工作时间给伺服控制系统回转支承加注一次润滑油脂</td><td>(完成√ 未完成×)</td></tr>
<tr><td rowspan="10">辅助设施检查</td><td>管路气密性检查</td><td>对自动探空系统氢气管路进行气密性检查</td><td>(完成√ 未完成×)</td></tr>
<tr><td rowspan="6">UPS电源面板检查</td><td>输入电压(填数值)</td><td>(填数值)</td></tr>
<tr><td>输出电压(填数值)</td><td>(填数值)</td></tr>
<tr><td>输入电流(填数值)</td><td>(填数值)</td></tr>
<tr><td>输出电流(填数值)</td><td>(填数值)</td></tr>
<tr><td>输出频率(填数值)</td><td>(填数值)</td></tr>
<tr><td>输入频率(填数值)</td><td>(填数值)</td></tr>
<tr><td rowspan="3">通信系统</td><td>语音通信检查</td><td>(完成√ 未完成×)</td></tr>
<tr><td>无线网桥检查</td><td>(完成√ 未完成×)</td></tr>
<tr><td>时间同步校准</td><td>(完成√ 未完成×)</td></tr>
</table>

续表

维护项目		维护内容	维护结果
工作环境检查	工作室	温度(填数值)	(填数值)
		湿度(填数值)	(填数值)
	控制室	温度(填数值)	(填数值)
		湿度(填数值)	(填数值)
	氢气舱	温度(填数值)	(填数值)
存在问题及处理情况: 维护人员签名:__________　维护日期:__________			

附录B　自动探空系统季维护记录表

台站名称______________________

维护项目		维护内容	维护结果 (完成√ 未完成×)
自动探空系统设备	空压机	排放冷凝水	
		清洗预过滤器	
		给油雾器注油	
		检查空压机是否异常发热和有异常声响,润滑油位是否正常	
	气动控制箱及管道	检查压力控制阀是否正常	
		检查软管接头是否破裂、漏气	
		排放油雾分离器储水杯中的积水	
	气缸	检查气缸活塞杆与端面之间是否漏气	
		检查管接头、配管是否划伤、损坏	
		检查气缸动作时有无异常声音	
	探空仪加载伸缩机构	检查装载盒基座下的电气连接插座是否接触可靠	
	充气施放装置	检查充气、施放气缸动作行程是否正常	
		检查充气、施放气缸位置传感器是否正常	
		检查紧固螺栓及管接头是否松动	
	伺服控制系统	检查连接电缆是否老化破损、接头松动	
		检查电机是否正常运转、有无异常振动	
		检查顶盖位置传感器检测归零是否正常	
	液压控制系统	检查液压泵油箱油位是否在油标的中心线以上	
		检查液压缸是否有外漏现象	
		检查管路密封情况	

续表

维护项目	维护内容	维护结果（完成√ 未完成×）
软件系统	对计算机内冗余的垃圾文件进行处理	
	对计算机硬盘进行碎片整理	
	对计算机进行病毒检查	
辅助设备	UPS 进行充放电维护	
	油机燃料储备及运行检查	
	清洗排风扇的灰尘，拆洗空调滤尘网	
存在问题及处理情况： 维护人员签名：________ 维护日期：________		

附录C　自动探空系统故障维修记录表

<table>
<tr><td>站名</td><td colspan="3"></td></tr>
<tr><td>故障出现时间</td><td></td><td>故障排除时间</td><td></td></tr>
<tr><td colspan="4">故障现象及原因：</td></tr>
<tr><td colspan="4">处理情况：</td></tr>
<tr><td colspan="4">器件更换：</td></tr>
<tr><td colspan="4">故障维修备注：

维修人员签名：________________________</td></tr>
</table>

附录D　自动探空系统站址勘察报告书

自动探空站站址勘察报告书

台站名称：____________________

勘察日期____年____月____日

报送日期____年____月____日

勘察人(姓名)：______________

中国气象局综合观测司监制

<table>
<tr><td>台站名称</td><td colspan="2"></td><td>区站号</td><td></td><td>台站种类</td><td colspan="2"></td></tr>
<tr><td>建站时间</td><td colspan="4">年　月　日</td><td colspan="2">台站开始观测时间</td><td>（年）</td></tr>
<tr><td rowspan="2">站址</td><td>经度</td><td></td><td>纬度</td><td></td><td>海拔高度</td><td colspan="2"></td></tr>
<tr><td>详细地址</td><td colspan="3"></td><td>邮政编码</td><td colspan="2"></td></tr>
<tr><td colspan="8">站址综合评述:(站址地理位置、水、电、交通、通信等基础设施情况,新建站与周边有人站布局图及距离描述)</td></tr>
<tr><td colspan="8">站址气候背景:(气候特征、地面盛行风等)</td></tr>
</table>

站址探测环境：
站址安全环境：
站址净空环境：(航空环境等状况)

站址电磁环境：
站址氢气来源：
站址土地使用情况：
站址建设规划情况：

所在地人民政府意见：
所在地城市规划、建设部门意见：
所在地气象主管机构意见：
所在省气象主管机构意见：
国务院气象主管机构意见：

注：所在地人民政府和地方部门应为县级及以上，所在地气象主管机构应为地（市）级。

自动探空站站址勘察报告书需另附：1. 站址四周障碍物挡角图；2. 站址八方位照片。